sick housing syndrome

새집증후군의 방지와 대책

새집증후군 방지를 위한 25개 조건

이노우에 마사오 저

김현중 김수민 이영규 장성기 김신도 박진철 공역

기문당

SICK HOUSE NO BOSHI TO TAISAKU
by INOUE Masao

Originally published in Japan by THE NIKKAN KOGYO SHIMBUN, LTD., Tokyo
Korean translation rights arranged with
THE NIKKAN KOGYO SHIMBUN, LTD., Japan
through THE SAKAI AGENCY and IL BON CHUL PAN JUNG BOSHA

서문

새롭게 집을 구입하게 되면, 당신은 매일 집에 가는 것이 즐거우며 하고 있는 업무도 더욱 능률적으로 하게 될 것이다. 신축이 아닌 리모델링을 하거나 새롭게 집을 빌리더라도 이러한 들뜬 기분이 될 것이다. 그러나 약 2~3개월 지났을 때, 이러한 기분이 우울로 바뀌어버린다. 집에 있으면 왠지 눈이 아프거나 목이 따갑고 손이나 발에 습진이 생기기 시작한다. 결국 몸이 나른해지고 집중력도 저하된다. 이것이 바로 새집증후군이다.

이러한 증상을 사람들에게 이야기해도, "당신은 피곤한 것이다", "갱년기 장해다", "보통 사람과 조금 다른 것이다", "우울증이다", 심지어는 "당신은 상태가 이상한 것 아니야?"라는 말을 주변사람이나 가족에게까지 듣고 혼자서 고민하고 계시지 않습니까?

한편, 시공 후에 건축주로부터 "집 안에서 냄새가 난다", "격한 냄새가 난다", "목이 아프다", "피부에 습진이 발생했다", "도대체 어떤 건축 내장재를 사용한 것입니까?" 라고 불만을 들은 시공업자도 많을 것이다.

이러한 문제의 해결을 위하여 냄새를 유발하는 건축자재에 대해서 측정법을 제시하며 개선방법을 제시할 목적으로 실내공기질(Indoor Air Quality)에 대해서 다양한 고민을 하고 있는 사람들을 위해서 이 책을 출판하게 되었다.

이러한 실내에서의 공기질에 의한 건강장해를 새집증후군(SHS: Sick House Syndrome)이라 한다. 이러한 건강장해만으로도 실내공기질(IAQ)은 매우 중요한 것이다.

> 사람은 하루의 80%를 실내에서 보내고, 하루 약 20L의 공기를 마시며 살고 있다.

일각에서는 사람의 건강을 해치는 최대의 요인은 "실내공기"라고도 하고 있다. 포름알데히드 formaldehyde나 톨루엔 toluene, 그리고 보다 무서운 흰개미구충제, 소독제 등으로 사용되고 있는 유기인계 화합물이 당신의 집에 가득할지도 모른다. 이러한 새로운 환경문제에 대한 연구가 지금 온 세계에서 진행되고 있다.

저자도 이 문제에 대하여 1996년부터 일본건강주택연구회 목질분과회 위원으로서 활동하고 있으며, 2000년부터 각 정부부처 관련 위원회에도 연계되어 다양하게 활동하고 있다.

2003년 7월 일본건축기준법 개정에 따라 포름알데히드 방산 건축자재의 규제도 시작되었다, 그러나 새집증후군의 원인은 이러한 것 이외에도 다양하고 존재한다.

그렇다면, 새집증후군이 지금 수년 사이에 이렇게 큰 사회문제가 된 이유는 무엇일까?

1960년대에 급격히 증가하기 시작한 새로운 건축자재는 일본 주택산업을 크게 발전시키는데 공헌했다. 나아가 1980년대 중반부터 진행된 에너지 절약이나 고기밀 · 고단열공법이 1990년에 일반화되었고, 지금은 고기밀 · 고단열의 주택공법은 당연한 시대의 흐름이고 향후 지금 10년간의 주택공법은 크게 변화하지 않을 것이다. 그리고 마루바닥재는 종래의 발포형식에 의한 단열뿐만 아니라 각종 마루바닥재 난방공법이 진행되고, 지금은 마루바닥재 단열 집이나 아파트는 상식이 되어 있다.

'고기밀', '고단열', '에너지 절약', '마루바닥재 난방'은 주택분야에서는 당연한 이슈이고 최근에는 '전기절약', '건강주택'이란 표현이 추가되었다. 이러한 새로운 주택공법은 우리들의 주택을 쾌적하게 해주는 대단히 고마운 것이다.

한편, 실내에서 화학물질 사용량이 많아져 환기가 소홀해지면 화학물질은 시간이 흐름에 따라 서서히 실내에 쌓이게 된다. 이렇게 해서 살게 되면 사람의 건강이 해를 입게 되는 것이다. 또한 실내에서 사용되고 있는 화학물질의 안전성 · 독성이 모두 해명되어 있는 것은 아니다. 마지막은 여러분 스스로 방어하는 것이 중요하다.

"과유불급 過猶不及"이라는 명언이 있다.

이 말이 의미하듯이 적정 기밀 · 적정 환기 · 적정한 재료가 있으면, 이러한 새집증후군은 거의 일어나는 일은 없을 것이라 생각한다. 하지만 실내공기에 대한 중요성은 무시한 채, “너도 나도 고기밀 · 고단열 · 에너지 절약 · 마루바닥재 난방”으로 초점을 맞추는 것은 아닌지?

이 책은 주택 내장재로 사용되고 있는 재료와 이에 대한 측정방법 및 새집증후군의 사례와 발생했을 때의 대처방법에 대해 저자가 새집증후군의 현장이나 중앙정부부처의 각종 위원회, 공동실험, 해외에서 얻은 정보를 기반으로 서술하고 있다.

“새집증후군은 이제 없어진다.”라고 말하고 있지만, 오히려 실태는 증가하고 있는 것이 사실이다. 저자인 본인도 마루바닥재 밑의 유기인계 흰개미구충제로 피해를 입고 있다. 이러한 것만으로는 화학물질과민증이나 새집증후군에 시달리고 있는 분들의 괴로움을 내 다름대로 알 수 있다. 내 주변에는 이러한 화학물질과민증이나 새집증후군을 고쳐 줄 훌륭한 의사가 있다.

다음의 말은 실제로 새집증후군에 걸려 수년간 괴로워했던 어느 환자의 말이다. 다양한 경험을 거쳐 지금은 좋은 선생님을 만나 서서히 회복하고 있다.

> “새집증후군이나 화학물질과민증은 모든 병의 원인이 되기 쉽고, 실제로 병이 발생했을 때에는 자신의 생활을 한 번 더 돌아보게 된다. 반드시 원인이 있고 결과가 있다. 빨리 원인을 찾아내는 것에 따라 병은 빠르고 쉽게 고쳐진다.”
>
> – 카나리야의 합창–

이 책이 새집증후군으로 고민하고 있는 건축주와 시공자들에게 구원의 빛이 되길 소망한다.

이노우에 마사오

역자 서문

새로운 역사의 창조를 표방하며 시작된 New Millenium 시대와 더불어 21세기로 들어서면서부터 삶의 질 향상과 건강에 대한 관심의 증대는 '웰빙(Well being)'이라는 신조어를 탄생시켰고, 인간이 살면서 영위하는 기본적인 의식주뿐만 아니라 하루 24시간 중에서 대부분을 생활하는 실내공간과 그 속에서 끊임없이 들이마시는 '실내공기'에 대한 관심의 증가로 TV 다큐멘터리 프로그램, 뉴스, 신문 등의 대중매체를 통하여 실내공기질(Indoor Air Quality) 오염에 대한 심각성이 대중들에게 충격적으로 전달되었다.

이러한 심각성 속에서 환경부에서는 2004년 6월부터 '다중이용시설 등의 실내공기질 관리'를 제정·시행하게 되었고, 실내공기를 오염시키는 주요 요인인 건축자재 및 실내인테리어 소재에 대한 오염물질 방산에 대한 가이드라인을 제시하여 이에 대한 친환경 인증제도 등이 시행되기에 이르렀다.

하지만 대중들에게 직접적으로 새집증후군을 예방하고 대처하는 방법에 대한 제시는 미흡한 실정이다. 무엇보다도 국가적인 차원에서의 포괄적인 연구와 체계적인 대책 마련이 필요하다. 그러기 위해서는 먼저 현재의 실태를 파악하는 것이 중요하고 이를 기초로 한 검사기준의 마련과 유해물질의 규정, 자재의 구분 및 새로운 자재에 대한 표준화 관리가 절실하게 요구되는 시점이다.

따라서 역자는 대중들에게 '새집증후군'에 대한 이해를 높이고, 무엇보다도 예방하기 위한 생활 속의 대처방안을 전달하고자 이 분야의 연구와 도서의 번역/저술에 관심을 가지고 있었고, '새집증후군의 실체와 대응전략(한국목재신문사, 2004)'과 '새집증후군 대책의 바이블(선진문화사, 2004)'에 이은 세 번째로 이 도서를 출판하기에 이르렀다.

이 도서는 일본 이노우에 마사오가 집필하고 일간공업신문사에서 간행한 ≪시크하우스의 방지와 대책-시크하우스 방지를 위한 25개 조건≫을 번역한 것이다. 원제에 표현한 '시크하우스'를 직접 번역하면, '병든 집'이 되겠지만, 3～4년 전부터 영어표현의 Sick House Syndrome을 국내에서는 '새집증후군'으로 표현하였고, 이에 대하여 대중적으로 인식되어 있는 만큼, 본 서에도 '시크하우스'를

'새집증후군'으로 번역하였다. 본 번역서에서는 '새집증후군'에 대한 소개를 비롯하여 저자의 생생한 경험을 토대로 새집증후군을 방지하기 위한 건축학, 환경학, 재료학적인 접근을 포괄적이고도 알기 쉽게 서술하고 있다. 이 도서를 통하여 전문가뿐만 아니라 일반인들의 새집증후군에 대한 이해를 높이고, 쾌적한 주거환경과 건강주택을 위한 실질적인 해법에 도움이 되길 희망한다.

본 번역서의 출판을 허락하여 주신 일간공업신문사의 관계자를 비롯하여 저자인 이노우에 마사오님께 감사드린다. 또 본 번역서를 출판해 주신 기문당의 강해작 사장님께 감사드리며, 출판을 위한 자료정리를 도와준 김진아 서울대학교 NICEM 연구원에게 감사의 뜻을 전한다. 끝으로, 이 책은 서울시립대학교 도시과학대학 학장이신 김신도 교수님을 단장으로 한 서울시 산학연협력사업인 '미래도시 웰빙을 위한 실내공기질 관리기술 개발' 사업단의 지원으로 출간되는 것으로서 이에 깊은 감사의 뜻을 전하는 바이다.

2009년 7월

역자를 대표하여 김현중

차 례

01

새집증후군이란

1 새집증후군이란

새집증후군이란 신축된 집이나 빌딩 및 리모델링 직후의 거실에 들어가면, 눈이 따끔따끔하거나 두통, 신체의 각 부분에 가려움이나 습진 등의 증상이 나타나는 현상을 말한다. 새집증후군은 내장재에 사용된 건축자재 중의 화학물질이 실내에 방산되는 것으로 실내의 공기가 화학물질에 오염되어 다양하게 거주자의 건강을 해치는 것이다. 이 증상은 실내의 화학물질이 명확하게 원인이라고 단정하기는 어렵고, 그 사람이 살아 온 과거의 이력이나 체질 · 유전, 식생활, 직장환경 및 거주지역의 환경 등을 무시할 수 없다. 따라서 이러한 증상이 다양하다는 것에서 화학물질과민증과의 관계를 생각할 필요도 있다. 증상이 발생하는 메커니즘에 대해서는 미해결된 부분이 많고, 다양하고 복합적인 요인이 나타나기 때문에 복합화학물질과민증(MCS : Multiple Chemical Sensitivity)이라고도 한다. 이러한 증상의 치료방법은 미해결된 부분이 많고 현재 국내외의 의사들이 연구하고 있다. 그러나 오늘날 이 연구는 5~6년 전에 비해서 상당히 발전되어 왔다고 말할 수 있다. 이러한 새집증후군은 본래 다음에 언급할 새빌딩증후군(SBS)에서 파생한 용어이지만 일본에서는 새집증후군이 일반화되어 있다.

2 새빌딩증후군이란

새빌딩증후군(Sick Building Syndrome : SBS), 새집증후군(Sick Housing Syndrome : SHS)이라는 것은 창이 열리지 않는 고기밀 · 고단열의 건물에서 실내의 톨루엔 toluene, 크실렌 xylene, 트리클로로에틸렌 trichloroethylene, 포름알데히드 formaldehyde) 등의 각종 화학물질에서 나오는 VOC(Volatile Organic Compounds : 휘발성 유기화합물)나 정전기, 집 먼지, 라돈 radon, 이산화탄소 등이 실내에 떠다니는 것에 의해, 그 빌딩 거주자의 건강을 해하는 증상이다.

이러한 증상이 오늘날 일본의 주택에서도 다수 발생해 왔다. 이 원인을 특정 짓는 것은 어렵고, 거주자 체내의 화학물질 저항성에 따라서도 다르다.

현재 학교에서도 이 같은 증상이 아이들에게 나타나고 있고, 각종 교재의 안전성이나 학교에서 사용되는 건축내장재, 도료, 접착제, 왁스 등이 문제가 되고 있다(새학교증후군. Sick School Syndrome : SSS). 최근에는 전국 각지에서 이러한 학교의 실내공기가 문제되고 있는데 이 부분에 대해서는 후에 서술하고자 한다.

3 새빌딩증후군(SBS)의 정의

아래는 SBS의 정의와 그 원인에 대하여 원론적으로 기술하였다. 새집증후군이나 새빌딩증후군은 다양한 저서에 서술되어 있고 이것의 정의를 어떻게 확립할까 라는 것은 항상 논의되어 왔다. 자세하게는 생략하지만, 기본적인 현상에 대해서 서술하면 다음과 같다.

- 눈 · 코 · 목의 감각자극과 중추신경계에 영향 미치는 증상(두통, 눈병, 피로)
- 피부 증상이나 가벼운 천식 증상
- 해당 빌딩에서 나오면 상기의 증상은 호전되는 경우가 빈번하게 발생
- 장기간 해당 빌딩 실내에 있는 것에 의해 증상이 발생
- 해당 빌딩 거주자의 20% 이상이 상기 증상 발생
- 증상과의 인과관계 불명확(알레르기 체질의 사람은 걸리기 쉽다)

4 새빌딩증후군(SBS)의 원인

새빌딩증후군의 원인을 다음에 열거하였다.

• 기밀성 · 단열성이 높아졌다(20년 전의 10배 이상).
• 창이 폐쇄적이며 인공 환기에 의한 환기로써 환기효율이 낮다.
• 사무기기나 화학제품의 사용량이 많다.
• 실내의 공기는 공기조절기에 의해 순환되고 있다(자연 공기의 환기율은 1/4).
• 실내의 공기 측정결과, 각종 VOC가 검출되고 있다.
• 실내에 화학물질이 많다.
• 실내 내장재료에 통기성 재료가 많이 사용되지 않는다.

(참고문헌 T. Godish : 小林 剛 역, ≪シックビルディング一診断と対策一≫オーム社, 1998)

여기에서 새집증후군의 원인을 조금 더 상세히 생각해 볼 필요가 있다. 저자가 조사 연구한 새집증후군의 현장에서는 크게 다음과 같이 정리된다.

(1) 건축자재 등

• 합판이나 각종 목질보드류에서 방산되는 포름알데히드
• 도장합판 등에서의 도장 · 코팅 수지에서 방산되는 VOC
• 현장의 시공에 사용한 접착제에서 방산되는 각종 VOC
• 현장 도장에 사용한 도료에서 방산되는 VOC
• 시공 후에 마루바닥재에 도포된 왁스류에서 방산되는 VOC
• 내장재(벽지 · 벽에 바르는 재료 : 규조토 외)에서 방산되는 포름알데히드와 VOC
• 마루바닥재 아래나 목질 건축재에 도포한 각종 살충제류
• 붙박이 가구나 집기, 선반류에서 방산되는 포름알데히드와 VOC

(2) 환기설비 등

시공시의 환기는 말할 필요도 없이 시공 후의 환기도 대부분 고려되어 있지 않은 경우가 많다. 기밀성이 높아지고 있는데 대부분 환기설비가 없는 집

이 지금도 상당히 많다. 또한, 실내에 방산된 화학물질을 배출하지 못하는 구조의 건물이 많다. 또 공기구멍이나 지붕 안의 공기구멍이 없는 집도 많이 보인다. 각각의 원인에 대해서는 새집증후군의 사례에서 서술하고자 한다.

5 새집증후군과 화학물질과민증의 증상

(1) 새집증후군(SHS)의 증상

처음에도 서술했지만, 화학물질과민증의 각종 증상을 나타내었다(참고문헌, 石川 · 宮田 : ≪化学物質過敏症≫). 어떠한 증상이 나타나는지는 사람에 따라 다르다. 예를 들면 K씨의 경우, 새집증후군의 증상으로서 가려움, 천식, 어지러움, 미각 이상, 발한, 눈의 통증(시력저하) 등이 나타났다.

① 면역 증상 : 피부의 습진, 가려움, 천식, 자기면역질환, 피하출혈
② 자율신경 증상 : 발한이상, 수족냉증, 쉽게 피로, 어지러움
③ 신경정신 증상 : 불면, 수면장해, 불안감, 우울상태, 기억력 저하, 집중력 저하, 의욕 저하, 운동장해, 사지말단의 지각장해, 관절통, 근육통
④ 기도 증상 : 목, 코의 통증, 건조함, 기도폐색감, 감기에 쉽게 걸림
⑤ 소화기 증상 : 설사, 때로는 변비
⑥ 감각기 증상 : 눈의 자극감, 눈 피로, 초점이 맞지 않음, 코의 자극감, 미각 이상, 소리에 민감, 코피
⑦ 순환기 증상 : 심근경색, 부정맥, 흉부통, 흉벽통
⑧ 비뇨생식기 · 부인과계 증상 : 생리불순, 성기부정출혈, 월경전 곤란증, 빈뇨증, 배뇨곤란

(2) 어떤 사람이 새집증후군(SHS)에 걸리기 쉬운가

그렇다면 어떤 사람이 새집증후군에 걸리기 쉬운 것인가. 한 가지 예를 나

타내면 다음과 같다.

- 화학물질을 장기간 취급하고 있는 사람(화학자, 약제사, 빌딩 종합관리업자, 화가, 세탁업자, 인쇄업자 외)
- 간호사. 특히 수술에 관여하고 있는 간호사는 glutalaldehyde, 포스겐 phosgen(석탄 : formalin = 1 : 1)에 주의
- 자동차 배기가스가 많은 도로 주변에 사는 사람
- 석유화학단지 지역에 오래 살고 있는 사람
- 큰 세탁공장이나 화학회사, 인쇄회사가 있는 지역에서 일하거나 거주하는 사람
- 골프장이나 비닐하우스 주변에서 오래 살고 있는 사람
- 대형 소각공장이나 폐기물공장이 있는 지역에서 일하거나 거주하는 사람
- 애완동물을 실내에서 키우고 고양이 등을 안고 자는 사람
- 인형을 항상 안고 자는 사람
- 신축 주택이나 리모델링 직후의 주택에 사는 사람(신축 또는 리모델링 직후 2~3개월은 강제 환기가 필요)
- 농약이나 약제 살포를 행하는 사람(농원 · 과수원에서 일하는 사람)
- 야채밭이나 과수원 근처에서 오래 살고 있는 사람
- 갱년기 여성
- 아토피성이나 천식 경향, 알레르기 체질의 사람
- 아파트의 모델하우스에서 오랫동안 일하고 있는 사람

여기에 올린 항목에 해당하는 사람은 보통의 경우에 비해서 오랜 기간에 걸쳐 각종 화학물의 영향을 미량이지만 받고 있고, 이 화학물질이 몸속에 쌓여 있어 이미 새집증후군의 예비군으로서 한 단계 가까워지고, 새집증후군이나 화학물질과민증에 걸리기 쉽다. 마지막 장에서 새집증후군에 걸리지 않기 위한 25개 조건을 서술하였으므로 자세한 것은 이 부분을 참고로 해주기 바란다.

그렇다면 왜 새집증후군이 되는 것일까. 새집증후군이 되기 위해서는 "카나리야 말"처럼 반드시 원인과 결과가 있다. 오늘날의 주택과 빌딩을 한 번 더 둘러보기 바란다. 또한 신축 아파트의 모델하우스나 아파트, 대형 서점에 가면 거기에 무엇인가 지독한 악취가 나는 경우가 많다. 주요 원인의 일부분은 다음과 같다.

- 화학물질이 관리되지 않고서 대량으로 사용되고 있다.(일본 환경청은 2004년 3월, 대기 VOC소멸 법안을 정시했다.)
- 화학물질의 폐기 · 배출관리가 확립되어 있지 않다.
- 지나치게 고기밀 · 고단열이다.
- 일회용 상자와 같은 주택구조(일본 : 30~40년, 독일 : 100년 이상)
- 마치 플라스틱 케이스나 PET병 같은 호흡하지 않는 집
- 화학물질의 위험에 대한 지식 결여
- 친환경 건축내장재 사용과 관련된 눈속임
- 자손에게 끼칠 화학물질의 영향을 고려하지 않는 사고방식
- 가구류에서 방산되는 포름알데히드(특히 수입가구는 주의가 필요함)
- 골프장이나 공원의 식물, 과수원, 야채밭, 도로에 대량으로 사용되는 유기인계 살충제, 농약 및 제초제
- 각종 차량의 실내에 사용되는 독성이 높은 유기인계 화합물의 소독제와 살충제

(3) 어떻게 하면 치유되는가

이러한 새집증후군이나 화학물질과민증에 걸린 경우, 도대체 어떻게 하면 치유되는 것일까? 솔직히 저자도 일시에 이 병이 치유되리라고는 생각하고 있지 않지만, 현재의 의학 수준에서는 분명 치유가 가능한 병이다. 그러나 어떻게 해서 고쳐 가는가가 주안점이다. 나는 의사가 아니기 때문에 의학적인 치료에 대해서는 전문의에 문의하고, 다음에 많은 환자의 사례와 체험을 나타냈다. 단지 이러한 치료법에 대해서는 의사에 따라서도 사고방식이 다르기 때

문에 최종적으로는 자신에 맞는 방법을 선택해야 한다.

- 친수성 파우더를 사용한다.
- 삼림욕을 주 1회 정도 한다.
- 뜨거운 물로 항상 몸을 씻는다(피부가 가려울 때는 미지근한 물).
- 하이킹, 등산, 조깅, 사이클, 수영 등으로 땀을 흘리고, 신진대사를 원활히 한다.
- 가려울 때는 대나무 목초액이나 월도 크림 'moon peach(R)' 등을 사용한다.
- VOC를 흡착 · 분해하는 물질을 실내에 둔다.
- 폭음 · 폭식을 피하고 규칙적인 생활을 한다(수면부족에 주의).
- 실내는 자연환기를 자주 한다.
- 샴푸, 세제 · 표백제, 소독제, 곰팡이 방지제, 스프레이, 방향제, 화장품의 사용을 줄인다.
- 식사에 주의 한다(카페인 · 알코올류는 삼가하고 부드러운 야채나 요구르트를 섭취한다).
- 포름알데히드 냄새가 나는 건축자재 사용을 줄이고 유해물질 흡착 도료나 코팅재로 처리한다.
- 광촉매 처리 표면재를 실내에 사용한다.
- 공기정화기를 사용해 실내공기를 청정하게 한다.
- 백화점이나 슈퍼마켓의 의류판매점과 화장품판매점에 가능한 가까이 가지 않는다.
- 신장개업한 가게(레스토랑, 서점 등)에 가능한 가까이 가지 않는다.
- 모델하우스나 신축주택을 관람할 때 주의한다.
- 온천을 이용한다(자신의 증상과 온천 성분에 주의한다).

이상의 내용은 개인차나 증상에 따라 다르기 때문에 미리 스스로 확인해야 한다.

여기에서 스테로이드 steroid 계의 바르는 약은 장기적으로는 피부를 좋지 않게 하기 때문에 대나무 목초액이나 월도 크림의 경우가 안전성이 높다고 생각되어지며, 실제로 효과도 빠르기 때문에 저자도 종종 사용한다.

6 새집증후군과 화학물질과민증의 차이점

새집증후군은 그 장소를 떠나면 그 증상이 해소되는 점에서 다음에 서술하는 화학물질과민증과는 다르다(일본 후생성의 입장에서). 화학물질과민증은 ① 과민이라는 명칭이 나타내듯이 극히 소량의 물질이라도 과민하게 반응하는 점에서는 알레르기 질환과 유사하다. ② 최초에 어느 정도의 양에 노출되면 알레르기 질환에서 말하는 어떤 항원에 반응하기 쉬운 상태인 "감작" 같은 상태가 되며, ③ 이와 같은 물질에 소량이라도 노출되면 과민증상을 일으킨다.

최초에 노출된 물질과 두 번째에 노출된 물질이 다른 경우가 있으며, 이것을 복합화학물질과민증(MCS)이라 부른다. 첫 번째의 노출로 신체가 무엇에 대해서 과민상태가 되어 있다고 생각되지만, 일반 알레르기 질환인 화분증이지만 삼나무에도 알레르기가 있고, 소나무에도 orchard grass(역자주 : 유럽이 원산인 다년생 화본과 북방형 목초로서 세계의 온대지역에 널리 분포해 있고, 우리나라에도 현재 전국적으로 넓게 분포되어 있는 대표적인 목초이다.)와 hogweed(역자주 : 돼지풀로서 알려져 있고, 최근 이 식물의 꽃가루가 여름철 목감기 또는 눈에 알레르기를 일으키는 원인이 된다는 사실이 밝혀져 있다.)에도 알레르기가 있다는 것과 유사할지도 모른다. 이 같은 알레르기 질환과 같은 특징 외에도 저농도의 화학물질에 반복 노출되면 체내에 축적되어 만성적인 증상을 초래하는 중독성 질환에 가까운 특징도 동반하고 있다.

화학물질과민증도 잠재적으로 과민증이 있던 체질에 주택 내에 방산된 화학물질이 기폭제가 되어 발생하는 경우가 많다고 생각된다. 화학물질과민증의 발생원인에 대해서는 해명되어 있지 않고, 알레르기성과 중독성의 양쪽에 걸친 질환이나 혹은 알레르기 반응과 급성 · 만성중독의 증상이 복잡하게 서로 얽혀 있는 질환이라고 생각되고 있다. 원인이 되는 화학물질은 특별한 것이 아니라 농약, 식물첨가물, 음식물(곡물이나 단백질), 주택 · 의료환경, 대기, 약제, 애완동물류의 털 등으로 광범위하고, 포름알데히드도 그 원인의 하나로 생각되고 있다. 이것들은 의외로 일상생활 속에서 주위에 존재하며 의식하지 않고 접촉하고 있을 가능성이 높은 것이다.

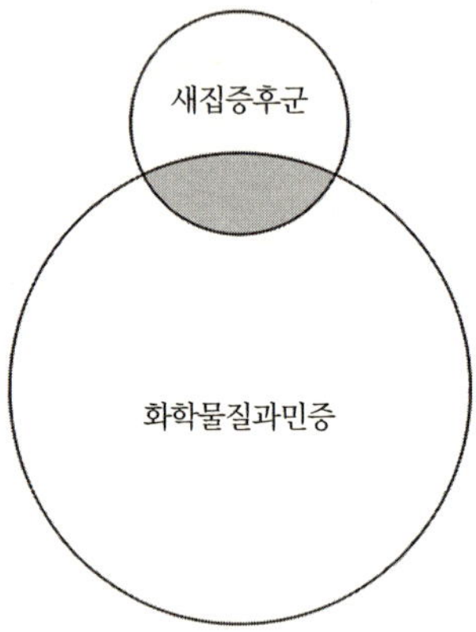

그림 1-1 새집증후군과 화학물질과민증의 관계

그림 1-1에는 새집증후군과 화학물질과민증의 관련을 나타내었다. 이것은 저자의 경험에서 생각한 그림이다. 새집증후군과 화학물질과민증은 관련이 있다고 하지만 일치하는 것은 없다. 개인에 따라 어느 것이 먼저인지는 모르지만, 머지않아 서로 기폭제가 되어 이 그림처럼 양쪽이 겹쳐지는 것이다. 병원의 진단서에 "새집증후군" 혹은 "화학물질과민증" 어느 것을 사용하는가는 의사의 판단이다. 새집증후군은 최초는 극히 미량의 화학물질에 노출되어 있더라도, 결국 양이 커지면 알레르기에서 중독에 이르는 것이다. 내가 만난 많은 새집증후군의 피해자들은 이 증상이 대부분 알레르기가 되어 있는 경우가 많다. 그림 1-2에는 이 관계를 나타내었다. 자세한 것은 권말의 참고문헌에 나타낸 시카와(Shikawa, 石川) · 미야타(Miyata, 宮田)씨의 서적을 참고하기 바란다.

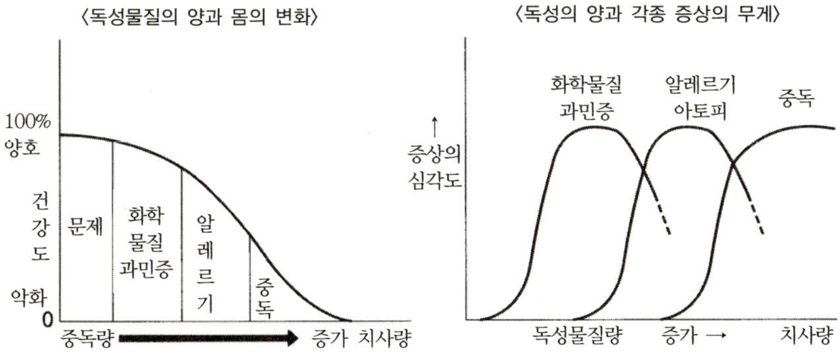

그림 1-2 독물의 양과 몸이 변화 증상

그림 1-3에는 Rea박사의 저서 속에서 볼 수 있는 사람이 갖은 용적도이다. 이 용적은 그림 1-4에 나타낸 것처럼 어른과 아이에서는 크기가 다르다는 점에서, 특히 아이는 화학물질의 영향에 주의할 필요가 있다. 그림에 나타낸 저항성은 그것보다 낮으면 생물적 반응에 화학물질의 영향이 없지만 그것을 넘으면 사람의 몸에 다양한 증상이 나타나는 것이다. 이 저항성은 개인에

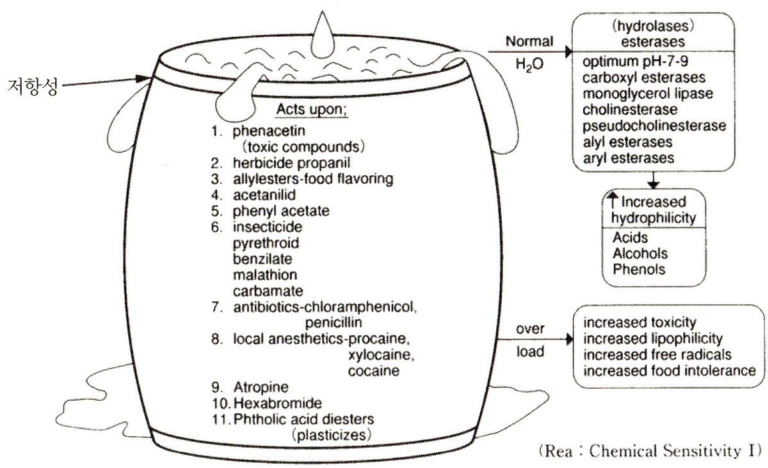

그림 1-3 화학물질을 받는 용적

따라, 그리고 어른과 아이에 따라 그 수치가 다르다. 앞에 나타냈듯이 새집증후군에 걸리는 사람은 이 저항성이 낮은 것이다.

2004년 2월말, 일본 후생노동성은 새집증후군과 화학물질과민증의 관계를 홈페이지에서 나타내고 있다.

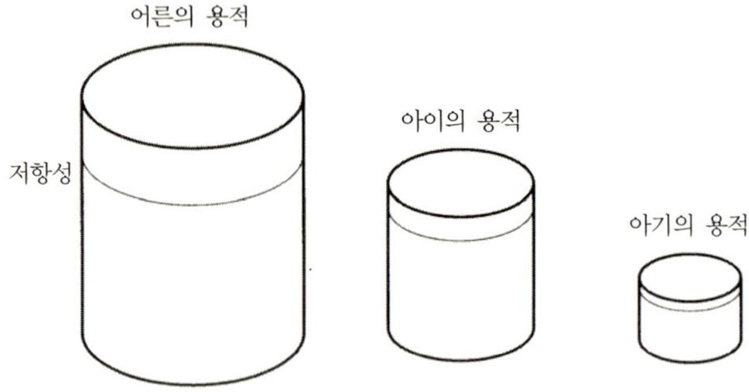

그림 1-4 화학물질에 대한 사람의 용적 개념

7 새로운 타입의 새집증후군

2002년의 비가 그친 어느 토요일, 비정부기구(NGO)의 사람에게 부탁받아서 신축 주택을 조사했다. 지하의 거실을 합하면 방이 8실인 넓은 집이었다. 시공 주인의 이야기로는 실내에 들어가면, 말로 형언할 수 없는 악취가 나서 2시간도 있을 수 없다는 것이었다. 신축 중인 두 세대 주택도 4월에 완성될 예정이어서 아직 옮겨서 살 수 없었다. 시공 주인 자신도 약간의 화학물질과민증을 나타낸다.

이 집은 합판류를 대부분 사용하지 않고 해외에서 수입한 천연목재를 마루바닥재 · 벽 · 천장에 사용하고 있다. 그 천연목재는 모두 안전하고 몸에 좋고 해외의 천연계 도료로 도장 마무리된 것이었다. "안전한 집"을 원해서 많은 서적을 조사한 후의 사용자의 선택이었다.

실내에 들어가면 어느 방이나 독특한 악취가 난다. 약간 포름알데히드 악취도 있지만, 에나멜 냄새와 스타이렌 모노머의 악취가 섞였는데, 모든 방에 있는 이것은 무엇일까? 특히 비가 그칠 때는 악취가 실내에 쌓이기 쉬운 만큼 측정에는 안성맞춤이다. 시공 주인의 요청에 의해서 수동식 간이 측정기(가스텍 'GV100S')를 이용하여 대략 30개의 검지관으로 각 방과 지붕 안, 받침과 벽장 등을 측정했다. 결과 포름알데히드 수치는 0.12ppm 전후이고 신축으로서 특별히 높지는 않았다. 그러나 검지관이 모두 포름알데히드 핑크색 이외의 희미한 엷은 붉은색과 포름알데히드에 가까운 황색이 나타났다.

이 붉은색은 포름알데히드와 아세트알데히드의 혼합물이라 생각된다. 황색은 톨루엔류(toluene, xylene, ethyl benzene, styrene)이다. 시스템 부엌에서는 특히 톨루엔의 검지관도 색깔 변화가 있었다. 또 지하실도 마찬가지로 톨루엔류의 수치가 높다. 이것은 계단 등 금속부에 사용된 용제계 도료 성분으로 생각된다. 도료 특유의 악취가 강하다. 지하실은 환기풍도 없고, 공기보다 무거운 VOC류는 위로는 빠져 나가지 못한다.

시스템 부엌가구는 외국제이지만, 아무튼 포름알데히드와 스타이렌 및 도료의 악취가 지독한 것에는 질렸다(즉시 폐기됐다). 후일, 정밀측정이 되었지만 모든 방에서 고농도의 아세트알데히드가 검출됐다.

이 경우는 시공 주인이 "자연계의 집"을 원해서 많은 서적을 참고하고 나서의 선택으로 천연목재와 자연계 도료로 마무리한 만큼, 토목 · 건축 시공자에게는 거의 책임이 없다고 생각된다. 이 집은 마루바닥재 · 벽 · 천장의 모든 도료를 벗기지 않는 한 1~2년은 살 수 없을 것이다. 많은 책이 추천한 자연계 재료를 과신한 것에 의한 실패 예는 최근 많아졌다.

사용하는 건축자재(특히 내장 마감재)나 도료는 미리 A4 정도의 크기의 현물을 입수해서 두 겹의 중합 봉지에 넣어 따뜻할 때에 2~3일간 둔 후, 봉지 입구에서 냄새를 맡아 보는 것이다. 이러한 방법처럼 자기 스스로 안전성을 확인하는 것이 중요하다.

참고로 최근 어느 공인 시험기관에서의 시험결과에서는 자연계 재료의 대부분에서 포름알데히드와 아세트알데히드가 검출되고 있다. 리모넨 Limonene

과 α피넨 α-pinene류에는 아세트알데히드가 포함되는 경우가 많다. 저자는 몇 군데의 대학교에서 천연고분자, 목재화학, 고분자화학을 배울 기회가 있었던 만큼 이러한 화학물질에 대해서 여러 가지 생각할 수 있었다.

새집증후군은 이렇게 해서 다양한 원인으로 일어나고 있지만, 이 사례는 "건강 건축자재"라는 정보에 의한 사용자 자신이 초래한 새로운 새집증후군의 사례이다.

저자는 여기 4~5년, 수동식 간이 측정기와 검지관을 사용해서 실내 공기질을 측정해 왔다. 이전에는 자신의 "후각 크로마토그래피"에 의존해 있었지만, 역시 수치화로 나타내는 것이 중요하기 때문에 저렴한 간이방법을 사용하고 있다. 무엇보다 지금은 분명히 능동적인 Active 방법을 사용하고 있다.

8 새집증후군의 사례

(1) K씨의 사례

여기에서 소개하는 K씨는 40대 중반의 여성이다. 신축 아파트 판매영업을 약 20년 가까이 해왔다. 신축 아파트 모델하우스에서 근무시간이 길고, 항상 신축 주택에서 일을 해 왔다 라고도 말 할 수 있다. 특히 최근에 아파트 모델하우스의 기밀성은 이전과는 달리 향상되어 있고 가구도 일반적으로 새것이 놓여 있어서 정말로 신축 아파트 그 자체이다. 그러나 2~3개월마다 이러한 모델 룸과 모델하우스를 돌아다니기 때문에 합판이나 건축재료, 내장재, 가구류에서 방산되는 화학물질로 인해 서서히 몸이 병든 것이다.

수년 전에는 포름알데히드의 규제치도 없었고 대부분의 마루바닥재는 Fc_1~Fc_2 이었다. 그 후 모델하우스에 사용되는 건축자재에까지 포름알데히드나 화학물질의 방산의 배려 여부는 경우에 따라 다르다. 이 현상은 지금도 그다지 변하지 않았을지도 모른다. 이렇게 해서 20년 가깝게 걸쳐 항상 새로운 건축재료에 접해왔는데, 새집증후군이 되지 않는 것이 신기할 정도이다. K씨의 최근 직장(동경의 1등지의 아파트 모델 룸)을 보여줬다. 훌륭한 디자인의 실내에서 포름알데히드가, 벽장과 부엌, 신발장에 사용되고 있는 폴리에스테르 합판에서는 스타이렌 악취가 상당량 나오고 있었다.

K씨는 이전부터 병원에서 신찰을 받았으며 화학물질과민증이라고 판단되었다. 때때로 진찰을 받고 있었지만, 증상이 심해질 때도 있고 근처 역의 새로운 침목의 콜타르에도 민감하게 반응할 정도였다. 손과 발, 때로는 등 전면에 두드러기가 발생하였으며 시력저하, 눈의 통증, 피로감, 자율신경 실조증 등 화학물질과민증의 전형적인 증상이 나타나기 시작했다. 사진 1-1, 사진 1-2는 손과 발에 나타난(화학물질에 의한) 두드러기이다.

2002년 가을 아파트 관계의 일에서 다른 일로 옮겼지만, 거기에서도 카펫에서 포름알데히드 (0.12ppm 정도)와 톨루엔류가 검출되고 사무실에 놓여있는 몇 개의 유럽제 가구(2,3년 전에 구입)의 서랍에서는 0.2ppm을 넘는 포름알데히드가 검출되었다.

광촉매 시트나 공기 청정기 등을 두어 개선을 시도했으나, 기밀성이 좋은 고급 아파트 사무소의 공기질은 간단하게 개선되지 않고 결과적으로는 이 사무실도 1년 만에 떠나게 되었다.

그 후, 몸 상태가 점점 나빠져서 심할 때는 전철이나 레스토랑, 비행기 내에서도 바로 몸이 반응해서 몸 상태가 나빠지는 것이다. 레스토랑에서는 담배 연기로, 서점에서는 신간 서적의 잉크 냄새에 반응해서 몸이 가려워지며 두드러기가 난다. 여기까지 오게 되면 정말로 살아있는 리트머스 시험지이다. 마침내 화학물질에 매우 민감해져서 심할 때에는 천식이나 위통도 일어나서 몇 번이나 구급차로 옮겨질 정도이다.

대학병원, 새집증후군 전문병원, 종합병원 어디에나 진찰을 받았지만, 일시적으로 가려움증은 억제될 정도이고 근본적인 치료에 이르지 못했다. 2002년 6월, K씨의 증상은 요코하마의 직업환경 알레르기학회에서 증상, 치료와 원인(공기질 농도 등)이 발표되었다. K씨의 증상은 점점 심해져서 극히 미량의 화학물질에도 민감하게 반응하게 되어 중독 직전까지 이르게 되었다.

2003년 7월, 마에바시시의 아오야마 요시코(青山 美子) 선생(사진 1-3)이 건축기준법 개정의 날에 텔레비전에 출연한 것을 계기로 아오야마 선생에게 진찰을 받았다. 선생은 유기인계 물질에 의한 증상도 있다고 판단하여 투약과 링거를 포함해서 2~3번 진찰을 받아 일진일퇴를 반복하면서 조금씩 나아지고 있다.

한번에 3시간에 걸친 진찰이지만 지금으로는 아오야마 선생과의 만남이 좋다고 생각된다. 그러나 유기인계 물질은 어디에서 온 것일까? 근처의 묘지공원과 단지의 식물 농약류일까? K씨의 자택과 부근의 공기질을 수동적 Passive 방법으로 VOC류와 포름알데히드류를, 그리고 능동적 Active 방법으로 유기인계를 측정 분석할 필요가 있다.

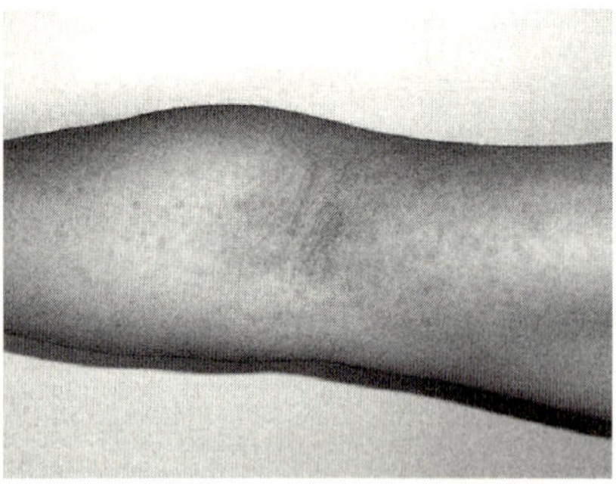

사진 1-1 손의 두드러기

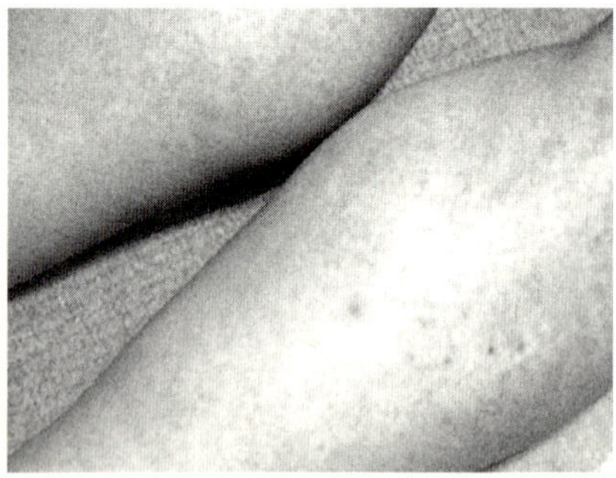

사진 1-2 발의 두드러기

사진 1-3 아오야마 병원

이 K씨처럼, 새집증후군과 화학물질과민증에 걸렸을 때에는 직장이나 자택의 실내공기질(Indoor Air Quality, IAQ)을 측정할 것을 권장한다. 수동적 방법은 20만 원 정도면 상당한 물질을 분석할 수 있다.

(2) 나도 새집증후군

저자는 1997년경부터 많은 신축주택을 진단해 왔다. 어느 때는 마루바닥재 아래에 기어들어가서 마루바닥재 아래의 목재부분에 도포된 흰개미구충제를 체취해서 측정하기도 했다(분석은 외부 기관에 의뢰). 1998년부터는 간이 측정기로 포름알데히드나 톨루엔을 측정하는 것과 함께, 2002년 8월부터는 능동적인 방법에 의해 실내공기질(IAQ)을 측정 분석하고 있다.

직업과 새집증후군의 관계상, 문제가 있는 집만을 진찰하고 있기 때문에 당연히 많은 화학물질에 노출되고 있다. 그리고 2002년 10월 어느 중고주택을 진단했을 때, 마루바닥재 아래에서 마루바닥재 아래의 토양을 채취해서 흰개미구충제의 분석을 시도하였다(결과적으로는 Tenax-TA에서는 농약은 검출할 수 없었다). 그리고 마루바닥재 아래 조사 후 2시간 정도 지났을 때, 갑자기 머리를 망치로 쿵하고 얻어맞은 것 같았다. 잠시 누워 있었지만, 집에도 겨우 돌아왔으며 물도 마시기 어려울 정도였다.

그 후 별일 아닌 것처럼 보였지만, 때때로 숨이 차고, 2월에서 3월에 걸쳐서는 손이 절이기 시작했고 심할 때는 글씨도 쓸 수 없었고 컵도 들 수 없게 되었다. 처음에는 술을 너무 마신 것에 의한 알코올 중독일까도 생각했지만, 5월에 들어서는 편두통이 일어나고 때로는 머리의 우측 절반일 마비되는 것은 아닐까 라고 생각될 정도 머리에 피가 올라가는 경우도 있었다. 그러나 최신 MRI검사에도 이상은 보이지 않았다.

여름이 되어, 아오야마 요시카 선생의 진찰을 받았다. 그리고 선생님은 내 손의 떨림을 보자마자 이것은 유기인계 물질에 의한 중독이라고 판정하였다. 즉 친구의 집은 중고라 하더라도 8월에 흰개미구충제 처리를 해서 이전에 처리된 유기인계 흰개미구충제가 확실히 존재하고 있었던 것이다. 거기에 작업

복과 모자만을 착용하고 방독 마스크와 안전 안경도 쓰지 않고, 소위 무방비 상태로 마루바닥재 아래에 한번 노출된 것으로 눈과 뇌신경에 손상을 입혔던 것이다. 이전부터 측정 후, 때때로 손이 가렵고 손바닥에 습진이 생기거나 목덜미가 가려워지거나 했지만, 이렇게 마루바닥재 아래 조사 한번으로 새집증후군의 피해자가 된 것이다. 나 자신만은 괜찮다고 과언했던 것이 잘못이었다. 지금 생각하면, 1997년의 마루바닥재 아래의 조사로 조금씩 유기인계 물질에 병든 것이다. 그러나 훌륭한 아오야마 의사를 만난 것으로 선생님이 살려 주신 것과 함께 유기인계 물질의 공포감을 배웠다. 사진 1-4는 다다미에 사용되고 있는 유기인계 방충제이다.

다행히 아오야마 선생은 내가 사는 오오야에서 전철로 한 번에 갈 수 있고, 지금은 한 달에 2~3번 진찰과 링거를 받고 있다. 신기한 것은 그 후 강연에서, 본인이 화학물질과민증에 걸린 것과 훌륭한 아오야마 선생님의 이야기를 하면 청강자 중에 꼭 한 사람은 지인이나 가족의 몸 상태가 좋지 않은 사람이 있고, 결과적으로 지금으로서는 동경지역에서 여러 명의 새집증후군의 환자가 아오야마 선생님에게 도움을 받고 있다.

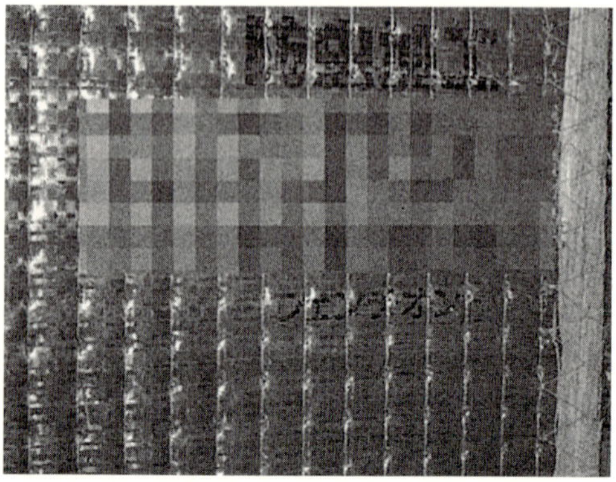

사진 1-4 유기인계 펜티온 fenthion에 의해 방충 처리된 다다미

"미라 도굴꾼이 미라가 된다."라는 것은 이것을 말하는 것이다. 선생님에게는 두 번 다시 마루바닥재 아래에 들어가지 않도록 충고 받고 다시 마루바닥재 아래의 공포를 배웠다.

9 새집증후군은 반드시 치유된다

지금 새집증후군이나 화학물질과민증은 완쾌되지 않는 것이라고 단정해 버리는 사람이 많다. 대부분의 병원에서는 이러한 새집증후군이나 화학물질과민증조차 모르고 치료법조차 모르는 것이 현실이다. 대부분의 사람에게 "이제 자신의 이 병은 평생 낫지 않는 것이다", "후에는 죽을 수밖에 없겠지?"라고 일러준다. 이러한 말을 들을 때마다 자신이 화학을 전공해서 화학제품의 개발 연구를 해 왔던 것에 자책감을 느낌과 동시에, 다시 자신의 인생을 이러한 의학(알레르기학)에 걸어 보자라고 생각한 것도 몇 번인가 있었다.

그러나 시즈오카대학 병원의 모든 선생님을 비롯해 아오야마 선생님을 만나서 선생님들이 매일 이러한 화학물질과민증의 치료에 몰두하고 있는 것을 알고, 지금으로서는 이러한 선생님의 측면에서 지원하고자 하는 생각을 가지고 있다. 2003년 7월 28일의 '새집증후군 최전선' 세미나의 발표에도 볼 수 있듯이, 새집증후군이나 화학물질과민증의 의학적 연구는 상당히 발전해 왔다. 특히 30년 이상 유기인계 물질을 중심으로 한 화학물질과민증의 치료와 실태에 몰두하고 있는 아오야마 씨를 만남으로써 이 병이 완치될 것이라는 생각을 하게 되었다. 일본건축학회에서 행해지는 화학물질과민증의 국제 심포지엄에서 덴버의 Rea 박사, Spengrer 박사, Salthamer 박사를 비롯하여 국내외의 선생님들의 연구 노력에 항상 감사하고 있다.

한편, 2002년 7월에 독일의 Badesmal에 있는 IFU(Institute fur Umweltkrankheiten)의 Ronow 연구자를 만났다. 훌륭한 치료를 하고 있고 유럽 각지에서 많은 환자가 치료하러 오고 있다. 선생님에게 이야기를 듣고, 시설을 보여 주시는 동안에 이곳이라면 반드시 이 병은 완치될 것이라 생각되었다. 일본의 새집증후군 환자들을 IFU에 데리고 가고 싶다고 생각할 정도이다. 그러던 중에 이번 아오야마 선생님과의 만남으로 이 병의 치료를 확신하게 되었다. 아오야마 의원에는 규슈에서도 매달 몇 명의 환자가 진료 받으러 오고 있다.

이렇게 해서 새집증후군에 걸린 사람을 치료할 수 있는 병원은 조금씩 증가하고 있다. 지금은 아오야마 씨의 치료를 동경에서 할 수 있기를 생각한 끝에, 선생님에게 월 1~2번 동경에 출장 진찰을 받을 수 없을지 부탁을 하고 있다. 권말에 이러한 병원의 일부를 소개하겠다.

또한 표 1-1에는 저자가 복용하고 있는 약과 그 효능을 나타내었다. 이러한 약을 복용하면 일시적으로는 위가 아플 경우도 있기 때문에, 그때는 양을 줄이고 요구르트류를 먹는 경우도 있었다. 이와 같은 때에는 사양 말고 의사에게 상담하기 바란다.

표 1-1 복용하고 있는 약

약 이름	효 과	적 응	주의 · 부작용
Saratin	체내의 히스타민(histamine)의 활동을 억제하고 알레르기 증상을 억제한다.	비염, 화분증, 습진, 천식, 두드러기	졸음 유발
Cinahl	비타민C : 독물대사, 콜라겐의 회복	소모성 질환, 피부질환, 피로	투여량 제한
Neurovitan	비타민B : 체내의 모든 반응에서 필요. 피부 당김을 보호한다.	소모성 질환, 피부질환, 피로	투여량 제한
Pathrin	해독제 : 유기인 중독증상 개선, 위점막 보호	농약중독, 위염	습진, 변비
Glutide (glutathione)	해독제, 항 알레르기 작용 (choline esterase의 활성을 높인다)	약물중독, 금속중독, 아세톤 혈성구토 증상	

02

새집증후군의 기초지식

1 환경단위

표 2-1에는 새집증후군과 환경문제를 이해하기 위한 단위를 나타내었다. 새집증후군과 화학물질과민증의 강연을 듣고 있기 때문에, 나의 소화불량이 되는 원인중 하나는 여기서 나타낸 단위의 관계가 조금 더 이해하기 힘든 것에 있다. 아래에 나타낸 네 가지가 어떠한 관계가 있는지 이해해 두는 것이 중요하다.

① ppm(ppb)

② $\mu g/m^3$

③ $\mu g/m^2 \cdot h$(방산속도)

④ mg/L

(1) ppm

1ppm은 문자 그대로 100만분의 1g을 나타내고 있다. 환경문제의 대부분이 이 ppm(million : 백만분의 1)이나 ppb(billion : 10억분의 1), 또는 ppt(trillion : 1조분의 1)이다. 좀 더 알기 쉽게 설명하겠다(그림 2-1).

- ppm : 1m×1m×1m의 컨테이너 속에 있는 $1cm^3$(1cm각)의 각설탕 1개의 크기
- ppb : 10m×10m×10m의 수조 속에 있는 cm^3(1cm각)의 각설탕 1개의 크기
- ppt : 500m×500m×500m의 연못 속에 있는 cm^3(1cm각)의 각설탕 1개의 크기

일본에서의 포름알데히드 formaldehyde 기준 농도 지침수치는 0.08ppm(80ppb)이기 때문에 10m×10m×10m의 수조 속에 2cm×2cm×20cm의 펜 케이스를 둔 수치이다. 여기에서 알 수 있듯이 0.08ppm이라는 것은 매우 작은 수치이다. 이 같은 극미량의 포름알데히드 농도에서 사람의 건강은 해를

입는 것이다. 즉 나의 경험에서는 실내의 포름알데히드 농도와 감소의 관계는 다음과 같이 생각할 수 있다.

표 2-1 새집증후군 · 환경을 알기 위한 단위

단위	무게	농도	용량	대조품
kg	1g×1000			접착제 · 도료 · 왁스
1g	기준			시약 · 약
1mg	1000분의 1g		mg/kg mg/L	알코올 성분
1㎍(마이크로)	100만분의 1g	ppm	mg/kg mg/L	포름알데히드 · VOC
1ng(나노)	10억분의 1g	ppb	㎍/kg ㎍/L	환경 호르몬
1pg(피코)	1조분의 1g	ppt	ng/kg ng/L	다이옥신류

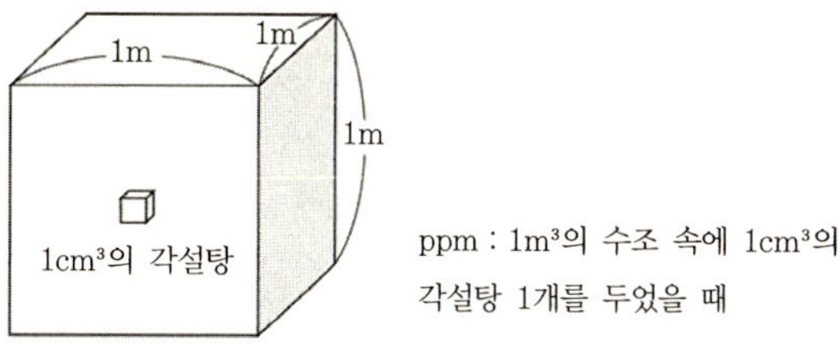

그림 2-1 ppm의 크기

■ 포름알데히드의 농도

- < 0.15ppm : 환기를 하면 어느 정도 살 수 있지만, 저감까지 2년 정도 필요
- > 0.25ppm : 환기를 해도 감소까지 3~4년은 걸리고 사는 것은 어려우며 재판사건이 될 수준
- > 0.35ppm : 개나 고양이가 죽을 만큼의 수치로 사람이 사는 것은 불가능

여기에서 주의해야 하는 것이 상기의 수치가 여름철의 최대온도에서의 측정 수치인가, 아니면 겨울의 실내온도에 의한 측정 수치인가에 따라 다르다는 것이다. 실내온도가 낮을 때라면 여름철에도 포름알데히드 농도가 훨씬 높아질 가능성이 있기 때문에 이러한 부분은 주의하기 바란다.

> "겨울철에 포름알데히드 농도가 낮더라도,
> 여름철에 농도가 오르는 경우가 많다."

X사의 검지관의 각 온도에 따라 환산한 포름알데히드 농도를 표 2-2에 나타내었다.

표 2-2 포름알데히드 ppm과 온도와의 관계

온도	10℃	14℃	16℃	20℃	25℃	30℃	35℃
ppm	0.025	0.055	0.071	0.1	0.125	0.166	0.25

이것은 어디까지 물리적 환산에 지나지 않기 때문에 단순히 한 가지 예로서 생각하기 바란다. 즉 14℃에서 0.055ppm의 측정치라도 여름철에는 0.25ppm이 되는 경우도 있는 것이다. 이처럼 온도에 따라 포름알데히드 등의 방산량은 다르다. 간이 측정기에 의한 VOC의 검출치는 그 대부분이 ppm으로 나타내어지고 있다. 특히 노동안정법에 의한 작업환경의 VOC농도 검사에서는 간이 측정기가 이용되는 것에서 ppm으로 나타낸다. 디지털식의 검지기관에서도 ppm 단위가 이용되고 있다.

(2) ㎍/m³

이 수치는 1m³ 당 방산되는 포름알데히드 등의 양을 나타낸 것이다. ㎍/m³와 ppm의 관계를 이해하기는 쉽지 않다. 환산 식은 다음과 같다.

$$fv(ppm) = 0.0243 \times (\mu g/m^3) \ / \ \text{분자량}(MW) \quad (1)$$

한 가지 예를 나타낸다.

- 포름알데히드 : 분자량 30

  fv(0.08ppm) = 0.0243 × (100㎍/m³) / 분자량 (30)

- 톨루엔 : 분자량 93

  fv(0.06ppm) = 0.0243 × (260㎍/m³) / 분자량 (93)

- 에틸렌 : 분자량 104

  fv(0.05ppm) = 0.0243 × (220㎍/m³) / 분자량 (104)

엄밀하게는 이 식에 온도계수를 곱하는 것이지만, 이 식에 적용하면 ppm과 ㎍/m³의 관계를 알 수 있다고 생각한다. 참고로서 포름알데히드 농도에 의한 포름알데히드 농도(ppm과 ㎍/m³)의 관계를 표 2-3의 (1)에 아세트알데히드의 관계를 표 2-3의 (2)에 나타내었다.

온도를 고려했을 때의 환산 식은 다음과 같다.

$$\text{측정수치}(\mu g/m^3) = \text{측정수치}(ppm) \times \frac{\text{분자량}}{22.4} \times \frac{273}{(273+t)} \times 100 \qquad (2)$$

표 2-3(1) 포름알데히드의 ppm과 ㎍/m³

ppm	0.01	0.03	0.05	0.06	0.08	0.16	0.24	0.45	0.81
㎍/m³	12	40	60	70	100	200	300	500	1000

표 2-3(2) 아세트알데히드의 ppm과 mg/m³

ppm	0.56	1.0	1.5
mg/m³	1.0	1.8	2.7

- 22.4 (L) : 0℃, 1기압에서의 분자 1mol의 용적
- 273 (K) : 절대 온도 눈금
- t : 온도(℃)

(3) 방산속도($\mu g/m^2 \cdot h$)

2003년 7월에 개정된 일본건축기준법 개정에서는 포름알데히드의 기준치는 방산속도로 나타낸다. 이 방산속도라는 것은 20L 소형챔버 chamber법을 이용해서 재료에서 단위시간당 일정 면적에서 방산되는 VOC의 양이다. 이 단위를 이용하는 것을 내장에 사용되는 건축재의 사용량과 포름알데히드의 양을 계산할 수 있다. 예를 들면 6장($9.6m^2$)의 마루바닥재에 사용되는 마루바닥재의 포름알데히드 방산속도가 $10\mu g/m^2 \cdot h$이다. 그러면 1시간당 이 방에서는 $96\mu g$의 포름알데히드가 방산하게 된다.

그렇다면, 이 방산속도는 어떻게 해서 결정되는 것인지 설명하겠다.

$$EF = (Ct - Co) \times n / L \qquad (3)$$

EF : 방산속도. $\mu g/m^2 \cdot h$

Ct : 측정한 방산농도. $\mu g/m^3$

Co : 챔버 내의 배경 농도. $\mu g/m^3$

n : 환기횟수. 통상 0.5(2시간에 1회 공기를 교체 : 20L 공기를 흘려보낸다)

L : 시료부하계수(시험편의 표면적 cm^2/chamber의 용적m^3)

합판의 포름알데히드 농도로 설명하자.

$$10\mu g/m^2 \cdot h = (50 - 10) \times \frac{0.5}{2.2}$$

측정치 : $50\mu g/m^3$(DNPH에 의한 분석치를 공기의 환기량으로 나눈 것)

배경농도 : $10\mu g/m^3$(DNPH 카트리지의 배경농도)

시험편의 면적 : 15×15cm을 2장 설치($450cm^2$)

챔버의 용적 : 20L 소형챔버

환기횟수 : 0.5회/h

이 소형챔버법에 의한 시험방법의 상세한 내용은 권말에 나타낸 무라카미(Murakami, 村上) 외의 JIS A1901의 해설서에서 볼 수 있다.

(4) mg/L

이것은 데시케이터를 이용해서 합판이나 건축재에서 포름알데히드 농도를 조사하는 방법으로 사용되는 단위이다. 먼저 나타낸 방산속도와의 관계는 일부 있지만 정확하지는 않고, 일단 상관관계가 정립되어 있다 라는 정도로 남겨 둔다. 일단 이번의 일본건축기준법 개정에서는 합판은 0.5mg/L이 소형챔버에서의 50㎍/m² · h에 상당한다고 되어 있다.

mg/L은 데시케이터 속의 물에 24시간 동안 용해된 포름알데히드의 양을 측정한 것이다. 이러한 관계는 JIS A6921(벽지의 규격)과 A6922(녹말풀의 규격)를 볼 것을 권유한다. 또 일부의 공업협회에서는 데시케이터와 20L 소형챔버의 상관관계를 나타내고 있어서 2003년 1월의 일본도료검사협회의 회보를 볼 것을 권유한다.

그러나 엄밀히 말해서 모든 것에서 데시케이터법과 소형챔버법 사이에 상관관계를 보는 것은 어렵다. 이번의 건축기준법 개정에서 데시케이터법이 들어간 것은 소형챔버가 고가이고, 모든 기업에서 갖출 수 없는 것과, 포름알데히드 농도가 이전보다 10L의 데시케이터법이 JAS 및 JIS에 설정되어 있는 것 등에 의한 것이다. JIS A5549의 소형챔버에 의한 접착제의 시험조건을 표 2-4에 나타내었다.

표 2-4 소형챔버법에 의한 접착제의 포름알데히드 방산 시험조건

챔버	20L 스테인리스 용기
도포량	300g/m²
도포기재와 시험편면적	스테인리스판 또는 유리판에서 도표용적은 80cm²(10×8)
시료부하율	0.4(m²/m³)
도포 후 챔버로 들어가기까지의 방치시간(분)	60분(23± 2℃)

시험온습도	28℃, 50%RH
포름알데히드 채취시간	표준은 24시간 후, 최대로 78시간 후에도 좋다
환기횟수	0.5회/시간
시험편수	시험편은 1장
샘플링 횟수	DNPH 카트리지 2개를 사용, 연속된 시간에 2회 채취

2 일본 후생노동성의 지침 수치

표 2-5는 일본후생노동성에 의해 제시된 14가지 물질의 실내공기 농도 지침수치를 나타낸 것이다. 여기에 나타낸 14개 물질의 화학식과 분자량을 표 2-6에 나타내었다.

후생노동성의 제시한 14개 물질(이번에 보류된 nonanal은 다시 포함될 움직임이 있음)은 어차피 주택 실내에서 검출되고 있고 사람의 건강을 해할 가능성이 높다고 말할 수 있을 것이다. 그리고 그 기준치는 의학적, 역학적 관점에서 WHO의 기준에 비추어 나온 것이다. 이러한 새 집 검토회의 10회 가까운 검토 결과는 인터넷에도 공개되어 있고, 시바타 하로우(Shibata Haruo, 紫田 治雄) 저서인 ≪가정 안의 방충제의 안전성을 생각하다≫에도 이러한 경과가 쓰여 있다.

(1) 포름알데히드 formaldehyde

포름알데히드는 대부분이 합판, 파티클보드(PB), 중밀도섬유판(MDF) 등의 건축자재나 벽지, 벽지의 녹말계 접착제, 가구의 화장판, 기타 일부 방부제로서 사용되는 것(일부의 습식벽재 등)에서 나온다. 특히 많은 것은 합판류의 제조에 사용되는 요소계 접착제나 페놀계 접착제에 포르말린(포르말린은 포름알데히드의 37% 수용액)이 가교제로서 사용되는 것이다. 또 벽지의 난연제 제조 시에도 포르말린이 사용되는 경우도 있다. 포름알데히드의 일반적인 성

표 2-5 후생노동성이 지침수치를 책정한 물질

	VOC	독성지표	μg/m³(ppm)	주용 증상	주용 용도
1	formaldehyde	사람 흡입노출에서 코, 목, 머리 점막으로의 자극	100(0.08)	눈 · 코의 자극 비염증	접착제의 경화제, 방부제
2	toluene	사람 흡입노출에서 신경행동기능 및 생식발생의 영향	260(0.07)	목 · 기도의 자극 구토, 피로, 중추신경 영향	접착제 · 도료 · 잉크의 희석용제
3	xylene	임신 쥐 흡입노출에서 출생아의 중추신경계 발달의 영향	870(0.20)	목 · 눈에 자극 두통 · 피로신경이상	접착제 · 도료 · 잉크의 희석용제
4	p-dichlorobenzene	beagle(개의 종류) "대경구" 노출에서 간장 및 신장 등의 영향	240(0.04)	눈 · 피부 · 기도자극 간장 · 신장기능저하	의류 방충제 화장실방향제
5	ethyl benzene	쥐 흡입노출에서 간장 및 신장의 영향	3800(0.88)	목 · 눈에 자극 두통 · 피로신경이상	접착제 · 도료 · 잉크의 희석용제
6	styrene	쥐 흡입노출에서 뇌나 간장의 영향	220(0.05)	목 · 눈에 자극, 현기증, 중추신경이상, 피부염	도료 · 접착제 · UV코트가교원료
7	chlorpyrifos	쥐 흡입노출에서 신생아의 신경발달의 영향 및 신생아 뇌의 형태학적 영향	1.0(0.07ppb) 소아의 경우 0.1(0.007ppb)	급성중독, 경련 신경장해 의식혼탁	흰개미구충제
8	n-dibutyl-phthalate	쥐 경구노출에서 신생아의 생식기의 구조이상 등의 영향	220(0.02)	눈 · 피부 · 기도자극 눈의 통증, 유루	연질 염화비닐 · 도료 · 접착제의 가소제
9	tetradecan	C_8-C_{16} 혼합물이 쥐의 경구노출에서 간장의 영향	330(0.04)	마취작용, 피부건조 접촉피부염	도료 등의 희석제
10	2-ethyl-hexyl-phthalate	쥐 경구노출에서 정소의 병리조직학적 영향	120(7.6ppb)	눈 · 피부 · 기도자극 피부염	연질 염화비닐 · 도료 · 접착제의 가소제
11	diazinon	쥐 흡입노출에서 혈장 및 적혈구 choline	0.29(0.02)	급성중독, 의식혼탁	유기인계 살충제, 흰개미구

		esterase 활성의 영향		경련	충제
12	acetaldehyde	쥐 흡입노출에서 비강 후각 상피의 영향	48(0.03)	눈 · 호흡기의 자극 마취성, 의식혼탁	곰팡이방지제 · 방부제, 환원제 · 각종 원료 사진현상액
13	fenobucarb	쥐에 대한 경구노출에서 choline esterase 활성 등의 영향	33(3.8ppb)	피부 · 눈 자극 경구에서 급성독성 두통, 현기증	카바메이트계 살충제 · 방충제
	TVOC (총휘발성 유기화합물)	일본의 실내 VOC 실태조사 결과에서 합리적으로 달성 가능한 한계가 낮은 범위에서 결정	잠정 400		
지속해서 검토가 필요한 물질					
14	nonanal	C_8–C_{12} 혼합물의 쥐 경구노출에서 독성학적 영향	41(7.0ppb)	중독정보 적음	방부제 · 향료

표 2-6 후생노동성에 의해서 제시된 14개 물질의 분자식과 분자량

화 합 물 명	분 자 식	분 자 량
formaldehyde	$HCHO$	30 기체(–19℃)
acetaldehyde	CH_3CHO	44 무색기체(20℃)
toluene	$C_6H_5CH_3$	93 무색액체(115℃)
xylene	$C_6H_5(CH_3)_2$	106 액체(141℃)
ethylbenzene	$C_6H_5C_2H_5$	106 액체(140℃)
styrene	C_6H_5CH	104 액체(145℃)
tetradecan	$CH_2(CH_2)_{12}CH_3$	198 액체(245℃)
p-dichlorobenzene	$C_6H_5Cl_2$	147 백색결정(173℃)
chlorpyrifos(유기인계)	$C_6H_5Cl_2NO_2PS$	350.6 백색결정(290℃)
diazinon(유기인계)	$C_{12}H_{21}N_2O_2PS$	184 무색유(83℃/0.266Pa)
Fenobucarb(카바메이트계)	$C_{12}H_{17}NO_2$	207.3 백색결정(113℃)

nonanal(aldehyde)	$CH_3(CH_2)_7CHO$	142 무색액체(185℃)
DEHP di-ethylhexyl phthalate (DOP Dioctyl phthalate)	$C_6H_4(COOC_2H_8)_2$	391 무색액체(390℃)
DBP di(n-butyl)phthalate	$C_6H_4(COOC_2H_4)_2$	278 무색액체(340℃)

질을 표 2-7에 나타내었다.

표 2-7 포름알데히드의 일반적 성질

항 목	성 질
분자량	30.03 화학식 HCHO
끓은 점	-19.5℃
공기 비중	1.075
비중	0.8153(-20℃에서 액화가스)
발화점	300℃
인화점	-118℃
폭발한계	7.0~73%
성상	상온에서는 무색의 기체, 자극냄새 있음
기타	37% 수용액을 포르말린이라 부른다.

포름알데히드는 악취가 강하고, 목·눈의 통증이나 피부의 습진과 가려움증이 나타난다. 한 번 포름알데히드로 습진이 나타나면, 이후부터는 소량의 포름알데히드에도 반응하기도 하고, 심한 경우에는 코피가 나오는 경우도 있다.

신축 집은 말할 것도 없이 새로운 가구(특히 일부 수입가구 중에는 포름알데히드 악취가 강한 것이 있다)나 신장개업의 서점(책장과 입하한 책 종류)에 주의가 필요하다.

표 2-8에 포름알데히드의 농도와 증상에 대해서 나타내었다. 여기에서도 알 수 있듯이 포름알데히드는 농도가 낮은 곳에서도 상당한 악취를 느낀다.

표 2-9에는 각 나라의 포름알데히드의 기준치를 나타내었다. 이 표에서 일

본의 0.08ppm이라는 기준 수치는 타당할 것이다. 포름알데히드는 건축자재의 내부에서 흡·탈착하는 성질이 있다(이것을 sink 효과라 한다).

표 2-8 포름알데히드 농도와 증상

(Ulla Egger)

농도(ppm)	증상
0.01~	눈 자극이 시작되는 최저치
<0.04	신경조직의 자극이 시작된다(EEC)
0.05~1.0	냄새가 느껴지는 최저치
0.08~1.6	눈과 코에 자극
0.08	WHO, 일본의 기준치
0.1	독일의 최소오염농도
0.25~0.33	호흡장애의 시작
0.5	목의 자극이 시작되는 최소치
2~3	눈이 찌르듯이 아파진다
10~20	심하게 눈물이 흐름
30~	생명에 연관되는 위험, 독성폐수종

표 2-9 각 국의 포름알데히드 기준치

기 관	농도(ppm)
미국(기준치)	0.2~0.5
캐나다(목표치)	0.05
캐나다(action)	0.1
독일(권고치)	0.1
스웨덴(권고치)	0.1
네덜란드(기준치)	0.1
덴마크(권고치)	0.12
WHO(가이드라인)	0.08
핀란드(가이드라인)	0.13
일본(후생성 기준치)	0.08

(2) 아세트알데히드 acetaldehyde

분자량 44.1로 무색의 액체이다. 증기압 44kPa(0℃), 101kPa(20℃). 아세트알데히드는 자극성이고 연한 용액으로 과일 냄새가 난다. 아세트알데히드는 술을 마신 후 숙취 때 나오는 냄새이다. 또 담배에서도 나오며, 레몬이나 리모넨에서도 아세트알데히드는 나온다. 접착제나 도료에서 검출되는 경우는 적고 그 수치도 작지만, 목재에서는 100~300㎍/m³의 수치로 검출되는 경우가 있다. 특히 향기가 강한 삼나무, 노송나무, 노송, 가문비나무 등의 침엽수에서는 아세트알데히드가 나오는 경우가 많다. 신축 목조주택에서 아세트알데히드는 당연히 높은 수치로 검출된다.

리모넨 Limonene이나 피넨 pinene류를 배합하고 있는 자연계 도료나 접착제에서는 포름알데히드보다도 아세트알데히드가 나오는 경우도 있기 때문에 주의가 필요하다.

아세트알데히드는 방에 들어가면 독특한 악취를 내어 목과 눈이 아프고 얼굴과 목 주위에 습포가 생기는 경우가 있다.

접착제나 도료에 포름알데히드를 대신해서 아세트알데히드가 배합되어 있는 기술이 있다. 이것은 제7회 새집증후군 문제해결 위원회의 발언 회의록에 기재되어 있고, 이것의 적용이 확대되고 있다. 그리고 이 일이 학교에서 "아세트알데히드를 측정해야 한다."는 방향으로 움직이게 한 것이다. 실제에는 이러한 사실은 거의 없다고 생각되기 때문에 과학적 조사를 한 뒤 회의록의 정정이 필요한 것이 아닐까라고 생각한다.

더욱이, WHO에서는 아세트알데히드의 기준치를 300㎍/m³에 정정한 것에서 후생노동성도 즉시 일본의 기준치 48㎍/m³를 300㎍/m³로 정정해야만 할 것이다.

한편, 이러한 움직임에 의해 일본 국토교통성은 2003년 4월에 제정한 주택의 품질성능 및 공동 주택의 2003년 6월 6일 규정의 기재에서, 2004년 4월에는 아세트알데히드를 측정항목에서 삭제할 예정이다.

(3) 톨루엔, 크실렌, 에틸벤젠 toluene, xylene, ethyl-benzene

흔히 말하는 희석제(시너)류인 유기용제로서 접착제, 도료, 잉크, 점착테이프를 비롯하여 폭넓게 사용되고 있다. 특히 톨루엔은 용해성이 좋은데다가 비용도 저렴한 매우 유용한 유기용제이다.

새집증후군 문제에서는 도료, 접착제 등에 의해 기원하는 사례가 많다. 특히 합성고무용제형 접착제나 우레탄계 용제형 접착제(목재 방 사이 칸막이 등의 문 표면에 코팅 및 염화비닐필름의 랩핑용 접착제에 많이 사용된다) 및 마루바닥재의 시공 사용되는 에폭시수지계 접착제 등에 많이 포함되어 있다. 또 코르크 타일의 시공에 주로 사용되는 합성고무용제형 접착제 및 용제계의 도료를 비롯해서 수성에서도 소량의 톨루엔류를 포함하는 것이 많다.

현재, 접착제는 논톨루엔 non-toluene, 논크실렌 non-xylene 타입으로 급속하게 전환되고 있고 다른 용제가 사용되고 있다. 하지만, 벽지에서는 우레탄 수지의 희석용제로서 톨루엔, 크실렌이 사용되는 것이 있다. 잉크류에서도 사용되고 있는 것이 많다. 또 접착테이프의 제조공정에서 접착제에 톨루엔이 많이 사용되고 있다. 지금도 톨루엔이 주로 사용되지만, 초산에틸을 사용한 것도 있다.

톨루엔은 신경계에 피해를 입히거나 두통을 일으키는 경우가 있다. 톨루엔류는 물보다도 비등이 높고, 또 물과 혼합되지 않는 것에서 습기가 많은 콘크리트 등에서는 방산될 때까지 몇 개월이나 걸리는 경우가 있다.

즉 톨루엔을 포함하는 접착제로 시공했을 때, 톨루엔의 실내농도가 260㎍/m³를 밑돌 때까지의 기간은 배합량에 따라서 다르다. 약 3%의 함유량에서는 4~5개월, 수 %의 것에서는 10개월에 가깝고, 10% 함유량에서는 1년 이상 걸릴 것이라고 간주된다. 무엇보다 시공 시의 온도나 작업조건에 좌우된다. 이것은 톨루엔류는 콘크리트의 수분과 섞이면, 마치 젖은 걸레로 등유를 닦은 것처럼 되어, 양자는 전혀 사용하지 않고 내부에 남아 버리기 때문이다. 코르크 타일에서도 마찬가지로 톨루엔류가 코르크의 내부에까지 침투해서 방산되기 어려워진다.

앞으로, 톨루엔류의 사용은 대기 VOC의 환경문제와의 관계를 포함해서 저감 방향으로 진행된다고 생각된다. 또한, 점착테이프의 톨루엔도 잔재하기 때문에 주의가 필요하다.

에틸벤젠은 단독으로 사용되는 경우는 그다지 없고, 공업용의 크실렌 중에 20~30% 불순물로서 함유되는 경우가 많다.

크실렌은 도료나 잉크, 건축재용 필름의 가공에도 많이 사용된다. 악취는 유성 잉크 같은 냄새가 난다.

(4) 스티렌 styrene

스티렌의 건축자재 적용은 스티로폼이나 폴리에스테르 합판(styrene monomer 사용), 마루바닥재 표면의 UV도장(styrene oligomer 사용) 등에 사용된다. 특히 폴리에스테르 합판에서는 스티렌 악취가 강한 것이 많기 때문에 주의를 요한다.

스티렌은 프로판가스 같은 강한 자극성 냄새가 있다. 이 물질에서 방산되는 냄새에 의해 두통이 발생하며 눈이 쉽게 피로해진다. 이러한 스티렌의 냄새는 폴리에스테르를 과도하게 끓였을 때 느끼는 악취이다.

일본에서는 스티렌의 가이드라인 수치는 220㎍/m^3이지만, 독일의 기준치는 30㎍/m^3로 일본의 1/7 수준의 엄격한 수치이다. 톨루엔류에 비해서 자극이 강하고 독성이 높은 스티렌의 기준치는 독일처럼 좀 더 엄격해도 좋다고 생각하지만, 톨루엔, 크실렌, 에틸벤젠, 스티렌의 4가지 물질은 화학구조식적으로 서로 비슷한 것에서 간이측정기의 검지관으로 식별하는 것은 쉽지 않다. 톨루엔의 검지관에서는 다른 세 가지의 가스가 간섭한다.

(5) 클로로피리포스, 디아지논 chlorpyrifos, diazinon

이것은 유기인계 흰개미구충제로, 톨루엔이나 포름알데히드와는 달리 아세틸콜린 에스테라제 acetylcholine esterase 방해 등의 신경독성과 간장 장해, 점막 자극 등의 증상이 나타나는 것으로 보아 독성이 높다. 2003년 7월부터 사용 금지되었지만, 이미 마루바닥재 밑에 도포된 클로로피리포스는 20년간 정도 효과가 있으므로 마루바닥재 밑에 들어갈 때는 특히 주의가 필요하다.

필자가 이전에 그랬던 것처럼, 무방비 상태로 마루바닥재 아래에 들어가면 심각한 위험을 초래할 수 있다. 신경계가 피해를 입으면 손이 떨려서 글씨를 쓸 수 없고, 작은 물건도 쉽게 들 수 없다. 또한, 쉽게 화를 내거나 지치게 되며 눈의 움직임도 이상해지고 자율신경과 감각기관에 이상이 나타난다.

다이아진도 살충제로서, 클로로피리포스보다 독성이 약하지만 위험하다. 이러한 유기인계 화합물은 클로로피리포스만이 아니라, 살충제인 펜티온 Fenthion(MPP), 페니트로티온 Fenitrothion(MEP)이외에 각종 화학물질에 사용되고 있을 가능성이 있는 TBX 등의 인산 에스테르류도 많이 있고 톨루엔이나 크실렌보다도 독성은 강하기 때문에 보다 폭넓은 규제가 필요하다. 독일에서는 이러한 유기인계 물질에 대한 규제는 보다 확대되고 있는 듯하다. 유기인계 화합물의 독성에 대해서는 2003년 10월 30일부 아사히신문과 2003년 12월 5일부의 ≪주간 금요일≫, 2004년 1월 19일부의 아사히신문, 잡지 ≪환경 호르몬≫(2004년 1월 No.4, 藤原書店)에 관련 기사가 기재되어 있다. 이러한 유기인산 에스테르류(유기염소계 화합물도 주의)는 살충제와 가소제, 농약, 곰팡이 방지제, 살균제, 소독제, 제초제 등으로서 넓게 사용되고 있다.

포름알데히드, 톨루엔, 스티렌 등에 의한 새집증후군의 현상을 덧붙여, 이러한 독성이 높은 유기인계 물질(ppb~ppt 표준)이 열차(특히 창이 열리지 않는 특급열차), 버스, 비행기, 관청사무소, 회사, 학교, 레스토랑, 편의점, 백화점, 슈퍼마켓, 병원, 과수원, 야채밭, 골프장, 공원, 묘지, 도로, 화원, 도서관 등에서 폭넓게 사용되고 있고, 새집증후군과 화학물질과민증의 사람들에게는 더욱 치명적이며 두려워서 밖에도 나갈 수 없는 실태이다.

이러한 환자 중에는 병원에 가야 할 만큼 오히려 가려움이나 두통 등이 일어나지만 두려워서 병원에 가지 못하는 사람도 있다. 특히 소독살균작업을 한 병원에서는 더욱 주의가 필요하다. 최근에는 특히 SARS(Severe Acute Respiratory Syndrome, 중증급성호흡기증후군)의 영향으로, 보다 많은 유기인계 소독제(살충제)는 곳곳에 살포되어 있을 가능성이 있다.

참고로써 새집증후군과 화학물질과민증이 있는 사람은 전철을 탈 때에 다음의 것을 참고하기 바란다.

- 야마노테 선(역자주: 우리나라의 2호선 지하철과 같이 시내를 순환한다)과 동경 · 요코하마 동북 선에서는 차량의 출입문 근처에서 탄다.
- 지방 전철에서는 창문을 연다.
- 창문이 열리지 않는 급행이나 특급차량에서는 때때로 화장실의 작은 창문에서 신선한 공기를 흡입한다(어느 환자는 차장실의 창문을 통해 신선한 공기를 받고 있다.).
- 비행기에서는 뒤쪽의 자리보다 앞쪽의 문이 열리는 좌측 자리를 택한다.
- 여름철 지방의 전철에서는 살충제에 주의한다.

조금 이상하다고 생각되겠지만 이것이 실태이다. 이러한 차량 안의 공기 질(Indoor Air Quality, IAQ) 문제에 대해서 하버드 대학의 슈펭글러 Spengler 박사는 IAQ Handbook 속에서 자세히 서술하고 있다. 또한, 현재 덴마크의 대학에서는 보잉사 비행기를 분해하여 내부마감 재료의 IAQ를 실물대로 챔버 chamber를 이용하고 실험하고 있다. 우리나라의 자동차와 운행차량 등에서도 빨리 이러한 규제가 필요하다. 유기인계 물질의 하나인 펜티온은 다다미의 안쪽에 도포되거나 방충시트로서 사용되고 있는 경우가 많기 때문에 자신의 집의 다다미를 다시 한 번 점검하는 것이 필요하다.

어느 곤약 밭에서는 잡초가 전혀 생기지 않고, 그 근처의 집은 농약으로 인하여 살 수 없게 된 곳도 있다. 또 양배추 밭 옆에서 태어나서 자란 A씨의 증상은 정말 심하다. 저자는 이러한 환자를 많이 만났다.

후생노동성은 보다 진지하게 유기인계, 유기 염소계 화합물의 독성을 해결하지 않으면 이대로는 일본의 수돗물은 마실 수 없게 된다 하였다.

(6) 파라디클로로벤젠 p-dichlorobenzene

이것은 장롱 속에 놓아두거나 양복에 사용되는 방충제이다. 흔히 파라졸로 알려져 있다. 백색의 결정으로 승화성이 있고 독특한 악취가 난다. 이것은 화학구조적으로는 유기염소계의 방충제로 유기인계 화합물보다는 독성이 낮지만 주의가 필요하다. 다다미에도 사용되고 있는 경우가 있기 때문에, 역시 신축 집에서는 이에 대한 측정을 해야 한다 [참고문헌 紫谷治雄 : '가정용 방충제의 안전성을 생각한다.'(화학공업일보)].

(7) 테트라데칸 tetradecan

이것은 데칸 decan류로 검출된다. 테트라데칸을 대량으로 직접 사용하는 것은 적고, 오히려 고비점 용제(비점 150℃ 이상)와 석유계 용제에 혼합물로서 들어가 사용된다. 악취가 비교적 약하고 톨루엔처럼 지독하지 않아서 독성이 낮지만, 화학물질과민증에 걸려 있는 사람은 주의가 필요하다. 접착제, 도료 기타의 화학물질에 사용되고 있지만, 앞의 톨루엔, 크실렌에 이어서 이러한 고비점 용제의 사용도 억제하려는 움직임도 있다. 데칸류는 접착제, 도료 등에서 상당량이 사용되고 있다.

(8) 프탈산에스테르 phthalate ester류(DOP / DEHP · DBP)

DOP와 DEHP, DBP 등은 프탈산에스테르계의 가소제이다. 프탈산계 가소제의 독성이 문제가 되었던 1974년, 저자는 가타세 다카오(Katase Takao, 片瀨 隆雄) 선생님(현 일본대학교 자원학부 교수)과 이에 관한 총설을 어느 전문잡지에 기고하였다. 이때의 독성 데이터를 표 2-10에 나타내었다.

각종 프탈산에스테르류 중에서도 DOP와 DBP의 사용양이 특히 많은 것은 가격이 저렴하기 때문이다. 주 용도는 염화비닐 시트의 가소제(연질 염화비닐에서는 30% 전후, 반 경질 염화비닐에서는 15% 전후 포함된다)이고, 비닐 벽지나 자동차의 시트에 넓게 사용되고 있다(T사는 차내 내장에서 염화비닐계 재료 사용을 제한하는 방침을 세웠다). 이 외에도 실링제, 잉크, 접착제 등에도 사용된다.

프탈산에스테르는 분자량이 크고 비점이 360℃ 이상인 것으로 상온에서는 휘발되는 것이 없기 때문에 이것으로 인한 새집증후군의 사례는 없을 것이다. 오히려 환경 호르몬의 면에서 주의가 필요하다. 특히 작은 아이가 마루바닥재나 카펫을 핥거나 기거나 할 때에 벽지에서 조금씩 흘러 떨어지는 프탈산에스테르를 먹을 위험성이 있다.

자동차의 유리창이 여름철에 흐린 것은 이 가소제가 휘발하고 있기 때문이다. 이러한 점에서 독일에서는 차내 내장재에서 이 종의 가소제의 휘발성을 조사하는 방법으로 퍼징법 purging method을 사용하고 있고 유리판의 가소제의 부착률을 65℃와 100℃에서 시험하고 있다.

표 2-10 프탈산에스테르류의 독성 데이터

(가소제의 종류)

가소제의 종류	약어	분자량	증기압(mmHg)	비점(℃)
di-butyl phthalate	DBP	278	13/200℃	340
dioctyl phthalate	DOP	391	1.2/200℃	390
diisononyl phthalate	DINP	418	0.6/200℃	403
Tricresyl Phosphate	TCP	368	0.02/200℃	420

(가소제의 독성)

항 목	단 위	DBP	DEHP
경구 독성	LD 50(mg/kg)	생쥐 : 5289 쥐 : 8000	생쥐 : 30000 쥐 : 30000
흡입 독성	LC 50(mg/m²)	쥐 : 25000	
경피 독성	LD L0(mg/kg)	토끼 : > 20000 LD 50	쥐 : 4000 생쥐 : 4000
발암성		EPA : 사람으로의 발암성 판단 없음	WHO : 사람으로의 발암성 증거 없음
변이원생		음성	음성
생식 독성 : 경구	TD L0(mg/kg)		50
허용농도 : ACGIH	Mg/m³	TLV-TWA : 5	TLV-TWA : 5

(9) 노나날 Nonanal

노나날는 C9의 알데히드 aldehyde 류이고 독성이 낮다고 되어 있다. 이번 가이드라인 수치 중에서는 빠져있고 보류되어 있지만, 다시 이에 대한 논의가 진행되고 있다. 주로 방향제로서 사용되고 있고, 알코올로서는 약 10t 정도가 일본 내에서 사용되고 있다. 여기에서 나타낸 지침 수치 바탕에 있는 수치의 결정방법에 대해서는 가타스 다카오 저 ≪가정용 방충제의 안전성을 생각한다≫(화학공업 일보)에 상세하게 설명하고 있기에 이를 참고 하기 바란다.

마지막으로 대표적인 유기 화합물의 냄새를 표 2-11에 나타내었다.

표 2-11 유해물질의 냄새

물질명	냄새의 특색
ammonia	대소변 같은 냄새
methyl mercaptane	썩은 양파 같은 냄새
hydrogen sulfide	썩은 달걀 같은 냄새
methyl sulfide	썩은 양배추 같은 냄새
methyl dioxide	썩은 양배추 같은 냄새
trimethyl amine	썩은 생선 같은 냄새
acetaldehyde	자극적인 젖비린내 냄새
propion aldehyde	자극적인 새콤달콤 탄 냄새
n-butyl aldehyde	자극적인 새콤달콤 탄 냄새
iso-butyl aldehyde	자극적인 새콤달콤 탄 냄새
n-vale aldehyde	숨 막히는 새콤달콤 탄 냄새
iso-vale aldehyde	숨 막히는 듯한 새콤달콤 탄 냄새
isobutanol	자극적인 발효한 냄새
ethyl acetate	자극적인 시너 같은 냄새
Methyl Isobutyl Ketone	자극적인 시너 같은 냄새
toluene	가솔린 같은 냄새
styrene	도시가스 같은 냄새

xylene	가솔린 같은 냄새
propionic acid	자극적인 신 냄새
n-acetic acid	땀 냄새
n-valeric acid	땀 찬 양말 같은 냄새
iso-valeric acid	땀 찬 양말 같은 냄새

3 독성의 표현방법

다음은 독성의 데이터를 이해하기 위해 독성의 표현방법을 서술하였다.

① LD 50수치, LC 50수치 : 50%의 치사량(lethal dose, lethal concentration)

이 수치는 동물에 의한 화학물질의 급성 독성실험으로 투여와 입으로 들어간 화학물질에 의해 동물의 50%가 죽음에 이르는 통계적인 수치이다.

급성 독성 : 몸에 넣었을 때에 바로 증상이 나오는 독성

급성 흡입 독성 : 코로 화학물질을 흡수했을 때 증상이 나오는 독성

급성 경구 독성 : 입으로 화학물질을 들였을 때에 증상이 나오는 독성

LD 50 : 시험에 제공한 동물(주로 쥐를 사용)의 절반 수가 죽는 양이고, 반치사량이다. LD 50은 체중 1kg당의 mg으로 나타낸다.

이 수치가 작을수록 독성이 높다.

– 유해성 : LD 50: 200mg~2000mg

– 유독성 : LD 50 : 25mg~200mg

– 맹독성 : LD 50 : < 25mg

LC 50 : 흡입 독성시험과 물속에 사는 동물에 의한 독성시험에서는 쥐처럼 투여시험을 할 수 없는 것으로 농도로 나타낸다. 담수어를 이용한 시험에서는 96시간 후의 LC 50 수치를 2~5mg/L 등으로 나타낸다.

② NOAEL의 원칙 : No Observed Adverse Effect Level

시험 동물에 화학물질을 일정 기간 투여했을 때에 유해성을 주지 않는 양을 나타낸다. 투여량을 늘려 가면 영향이 나오지만, 악영향이 나타나지 않는 가장 큰 양을 최대 무독성양이라 한다. 통상 생쥐나 쥐가 이용되며, "쥐에게 영향이 나타나지 않는 농도"라 기재되는 경우가 많다.

③ ALARA의 원칙 : As Low As Reasonably Achievable

"합리적으로 달성 가능한 낮은 수치"라는 의미이다. 장시간에 걸쳐 화학물질의 악영향이 나타나는 양을 결정하고, 우선은 실현 가능한 범위에서 지침수치를 정하며, 이에 대해서는 조금이라도 농도를 내려서 개선하는 효과를 얻을 수 있다. 특히 TVOC는 이 ALARA의 원칙이 적용되어 있다. 2003년 1월 화학물질과민증의 국제 세미나에서 미국의 한 학자의 의견으로서, 새집증후군과 화학물질과민증에 대해서 지침수치가 없는 물질에 대해서는 이 ALARA의 원칙이 적용되어야 한다고 주장하였다. 그것은 화학물질과민증에서는 도달하는 목표는 가능한 높게 하고 지침수치는 가능한 작게 하는 것이 좋다는 것이다.

4 일본의 규제물질

표 2-12에서 2004년 2월 현재 규제물질의 동향을 나타내었다.

WHO에서는 이미 50개의 화학물질을 실내공기 문제의 중요 원인물질로서 제안하고 있고 일본에서도 2000년 12월에 후생성에서 검토대상이 되는 물질로서 30개의 물질이 제안되었다. 그리고 일본에서는 13개 화학물질에 대해서 지침수치가 나와 있고, 현재는 이 13개 화학물질을 둘러싼 논의가 이루어지고 있다.

이전에 지침수치로서 연간 3, 4개 종류의 물질에 대하여 가이드라인을 제시할 새로운 건축기준법 개정의 움직임이 있었지만, 여당 의원이 규제물질을 늘리는 것에 대한 폐해를 제기하였는데, 그 후 새로운 물질의 제안은 이루어지고 있지 않다.

표 2-12 새집증후군 관련의 규제물질의 동향

No	화학물질	후생 노동성 제안 30 물질	후생노동성 지침 수치 14물질	주택 품질확보법	문부과학성 측정 규정 04.2.10	공동주택 측정물질 03.6.6국교성	건축기준법개정 예정 규제물질
18	formaldehyde		●	●A	●	●2001	●2003.7
51	chlorpyrifos		●				●2003.7
13	p-dichlorobenzene		●		●		△2005~6?
40	toluene	●	●	●B	●	●2002	△2005~6?
50	o-xylene	●	●	●B	●	●2002	△2005~6?
37	styrene	●	●	●B	●2.10	●2002	△2005~6?
17	ethylbenzene	●	●	●B	●2.10	●2002	△2005~6?
38	tetradecan	●	●				△2005~6?
1	acetaldehyde		●	●B2003.4		●2003.6.6	
12	phthalic acid dibutyl		●				
52	fenobucarb		●				
53	phthalic acid di-ethylhexyl		●				
54	diazinon		●				
26	n-nonanal	●	●(잠정)				▲?
4	benzene	●		A:측정필수			
5	t-butanol	●		B:임의측정			
7	butyl acetate	●					
11	n-decan	●					
14	n-dodecan	●					
16	ethyl acetate	●					

20	heptane	●					
22	hexane	●					
24	limonene	●					
27	n-nonan	●					
28	octane	●					
30	penta-decane	●					
33	α -pinene	●					
41	trichloroethane	●					
42	1,1,1, trichloroethane	●					
43	n-tridecane	●					
44	1,3,5-trimethyl benzene	●					
46	1,2,3-trimethyl benzene	●					
48	n-undecane	●					
55	Methyl ethyl ketone (MEK)	●					
56	Methyl isobutyl ketone(MIBK)	●					

* 문부과학성 : 포름알데히드는 간이측정법 가능(15학건 제11호 H15.7.4, 15문과 제20호 H16.2.10)
* 국토교통성 주택국 주택종합 정비과 : 공동주택 측정은 수동적 또는 능동적 방법을 사용한다.(사무연결 2003년 6월 6일)

(1) 문부과학성

2002년 2월 5일에 톨루엔, 포름알데히드, 크실렌, p-디클로로벤젠 p-dichlorobenzene의 측정에 관한 공문을 내어서 같은 해 4월부터 실내측정을 실시한 결과, 각지에서 톨루엔, 크실렌의 기준치를 초과하는 경우가 나왔다. 특히 포름알데히드 농도에 대해서는 간이 측정기에서의 측정을 권장하고 있어 조금 의문을 갖는다.

이러한 움직임에 대해서 각 업계는 논톨루엔 non-toluene, 논크실렌 non-xylene과 관련된 대책을 급히 내놓았다. 특히, 학교를 위한 재료는 이러한 제품으로 대체됨과 함께 일반주택을 위한 대체 제품도 나오게 되었다. 그러나 아직 무엇보다 학용품과 학교의 설비 등으로의 배려는 늦어지고 있는 듯하다. 그것은 새집증후군과 화학물질과민증에 걸린 학생이 "일부의 특이 체질이고, 한 사람을 위해 설비 등을 검토하거나 할 수 없다."라고 학교 측은 의견을 내놓는다. 그 점에서 새 학교를 생각하는 '아이의 건강과 환경을 지키는 회'(http// www.webone.ne.jp/~kodomo/)의 활동은 매우 중요하다. 향후 2004년 2월 11일에는 에틸벤젠 ethyl-benzene과 스티렌을 규제물질로 추가하게 된다.

(2) 주택의 성능표시제도

포름알데히드 측정은 필수적이고, p-디클로로벤젠, 톨루엔, 크실렌, 스티렌, 에틸벤젠을 임의로 측정하였다. 더욱이 2003년 4월부터 아세트알데히드 acetaldehyde를 측정물질에 추가하였다. 그러나 아세트알데히드는 목재에서 대량으로 방산되는 것으로 국토교통성은 2004년 4월에 측정항목에서 삭제할 예정이다.

(3) 공동주택

주택성능표시제도에 대한 평가를 받고, 공동주택의 측정도 동일한 물질을 1/10 이상의 건물에 대해서 측정하고, 한 채당 2실에 대한 측정을 의무로 하였다. 나아가 2003년 6월 6일의 공문에 의해, 아세트알데히드의 측정도 의무로 하고 있다. 이러한 측정은 수동적인 방법과 능동적인 방법 뿐으로서, 간이 측정법은 인정하지 않고 있다. 표 2-13에는 2003년 6월 6일 규정의 특정물질을 나타내었다.

이처럼 건축기준법 개정에서는 포름알데히드의 사용제한 항목에도, 한편에서 각 부서에서 규제를 가했던 것 때문에, 실질적으로는 공동주택의 6개 물질의 판정이 건축재료 전반에 영향을 미치고 있다. 아세트알데히드는 측정항목에서 벗어나는 경향이다. 향후 동향에 대해서는 뒤에서 서술하고자 한다.

표 2-13 공동주택의 측정물질(2003년 6월 6일, 국토교통성)

	포름알데히드	아세트알데히드	톨루엔 · 크실렌 스티렌 · 에틸벤젠
2001년도	○	–	–
2002년도	○	–	◎
2003년도	◎	◎	◎

○ : 간이측정법 ◎ : 수동적 Passive 또는 능동적 Active 방법
*1/10의 건물측은 1채당 2실 측정

5 각종 VOC의 종류와 특성

표 2-14에는 VOC의 종류와 해석을 나타낸다. VOC는 휘발성 유기화합물로서, 일반적으로 시너류로 이해하는 것이 쉬울 것이다. 여기에 나타낸 VOC 정의에는 다양한 의론이 있어 일정하지 않지만 VOC라는 것은 비점 50℃~260℃의 유기화합물이다.

즉 독일에서의 최근 건축기준법 개정(안)에 의한 분류에서는

– VOC : C_6~C_{16}에서 비점이 160℃까지의 물질

– SVOC : C_{16}~C_{22}에서 비점 160℃~260℃까지의 물질

로 분류하고 있다.

일본에서도 VOC라는 것은 비점 50℃~260℃로 생각되는 것이 현재의 주류가 아닐까 생각된다.

표 2-14 VOC의 분류와 화합물의 예

VVOC : 비점 0℃~100℃ 초 휘발성 유기화합물	n-hexane, benzene, methanol 초산ethyl, acetone, dichloromethan
VOC : 비점 50(100)℃~260℃ 휘발성 유기화합물	toluene, xylene, limonene, decan butanol, p-dichlorobenzene, styrene
SVOC : 비점 260℃~380℃ 준 휘발성 유기화합물	phthalate ester, diazinon chlorpyrifos
POM : 비점~380℃ 입자상 유기화합물	benz-α pinene diesel 배기가스 부유물

VOC : Volatile Organic Compounds(휘발성 유기화합물)

표 2-15에는 각종 VOC의 종류와 특성, 독성을 나타내었다. 이 표에서 새집증후군에 관련해서 생각하면 다음과 같이 된다.

- 비점이 높은 것은 실내에 잔존하기 쉽다.
- 증기압이 높은 것은 실내에 잔존하기 쉽다.
- 물과 섞이지 않은 것은 콘크리트나 목재의 수분과 혼합하지 않고 언제까지나 잔존하기 쉽다.

표 2-15 각종 VOC의 종류와 독성

품 명	비점 bp℃	LD50 mg/kg rat	관리 농도 ppm	노동위생 ppm 산업위생 학회	허용 농도 ppm ACGIH	증기압 mmHg/ 20℃	물에서의 용해성 g/100	분자량
toluene	111	636	50	50	50	22	×	92
formaldehyde	-19	100		0.5	0.3		◎	30
xylene(ethyl benzene 이성체)	140	4300	100	100	100	10	×	106
styrene	145	2650	50	100	20	5	×	104
DBP	340	3000	200	5	5	13/200	×	278
DOP(2-ethyl hexyl phthalate)	390	30000	5	5	5	1.3/200	×	390
acetone	57	5800	750	200	500	180	◎	58

Methyl isobutyl ketone(MIBK)	118	2080	50	50	50	15.5	▲	100
Methyl ethyl ketone (MEK)	80	2737	200	200	200	71.2	○	72
mineral-spirit	150~200		100	100			×	
초산 ethyl-ester	77	5600	400	200	400	65	▲	88
초산 butyl-ester	123	10768	150	100	150		▲	116
cycolhexane	81	29820	–	150	300	100	▲	84
n-hexane	69	28710	50	40	50	20	×	86
석유naphtha	30~170		8	5			×	
cycolhexanon (아논)	156	1620	25	25	25	3.9	◎	98
n-heptane	98			200	400		×	100
isopropyl alcohol	82	5045	500	400	400	32	◎	60.1
Tetrahydrofurane (THF)	65	1650	200	200	200	142	◎	72
methanol	65	5620		200	200	95	◎	32
isoparaffin	172	2000		400			▲난용	
ethyl alcohol	78	7060	–	–	1000		◎	46.7
Toluene diisocyanates(TDI)		4130	50	50	50			
MDI	190	2200		0.05	0.005			250
p-dichlorobenzene	174	500		10	10		×	147
perchloroethylene	121	2629	50	50	25	14	×	165

WA(ACGIH) : 1일 8시간 주 40시간 노동에 대한 허용농도
(책 데이터는 각종 자료에서 모은 것으로 계통적으로는 다시 확인이 필요하다.)
증기압이 낮은 것은 잔류한다(SHS 주의).
증기압이 높은 것은 휘발하기 쉽기 때문에 작업자는 주의를 요한다.

• ACGIH(미국 산업위생 전문가 회의)에서의 관리 농도가 낮은 것은 일반적으로 독성도 높다.
• ○○○에틸렌보다도 ○○○부틸의 쪽이 비점이 높고 증기압이 낮아 잔존하기 쉽기 때문에 주의가 필요하다.
• LD 50의 작은 물질만큼 독성이 높다.

이러한 각종 VOC의 물리 · 화학적 성질을 아는 것으로 새집증후군이 나타나는 집에 사용되는 제품의 MSDS(물질안전관리시트)를 참조로 해서, 측정물질과의 관계를 따져 그 집의 새집증후군은 무엇이 원인이 되어 나타나는가를 알 수 있다.

나아가 각종 VOC의 의학적 독성과 증상의 숙지와 함께 각종 VOC가 인간의 체내의 간장, 심장, 피부 등 어디에 흡착되는가를 아는 것도 중요하다. 물에 녹지 않는 물질은 지방에 녹는 것으로 간장 등에 남기 쉽다('독성시험강좌'), 地人書館).

이것에 대해서는 일본 도료공업회의 유기용제의 분류와 ACGIH-TLV수치를 표 2-16에 나타내었다.

이 표는 의사의 진단과 실내에서의 측정물질 및 사용된 재료 등을 종합적으로 판단하는 것으로, 그 환자의 집에서 무엇이 원인이 되고 있는가를 알 수 있다. 저자는 최근 의사와 공조하여 그 환자(피폭자)의 집의 측정물질을 조사하는 것과 함께 환자의 건강상태를 조합해서 개선방법을 제안하도록 하고 있다.

표 2-16 유기용제의 분류마다의 ACGIH-TLV 수치 일람표

ACGIH-TLV수치 (TWA)	염소계 용제류	에테르류	탄화수소류	케톤류	알코올류	에스테르류
1ppm 미만			benzene 0,3			
1ppm 이상 20ppm 미만	1,1,2,2tetrachloromethane 1 tetrachloromethane 5 trichloromethane 10 1,2dichloroethane 10 1,1,2trichloromethane 10 chlorobenzene 10	ethylene glycol mono methyl ether 5 ethylene glycol mono ethylene glycol 5 ethyleneglycolmonoethylene ether acetate 5	naphthalene 10	iso holon C5 methyl butyl ketone 5		
20ppm 이상 50ppm 미만	tetrachloroethylene 25 o-dichlorobenzene 25	ethylene glycol mono butyl ether 25 1,4디오키산 25	trimethylbenzene 25	cyclohexane 25	n-buthyl alcohol C25 ethylene glycol C39,4	초산 buthyl 20
50ppm 이상 100ppm 미만	dichloromethane 50 trichloroethyl 50		n-hexane 50 쿠멘 50 toluene 50	methyl isobutyl ketone 50 dipropyl 50	I-buthyl alcohol 50 cyclohexanor 50 diacetone alcohol 50	
100ppm 이상 200ppm 미만	monochloroethane 100	propylene glycol mono methyl ether 100	xylene 100 스탓다드솔벤드 100 ethyl benzene 100		I-amyl alcohol 100 I-buthyl alcohol 100	
200ppm 이상 500ppm 미만	1,1,1trichloromethane 350	ethylene ether 400	노난 200 cyclohexane 300 octane 300 heptane 400	methyl ethyl ketone 200 diethyl ketone 200	methyl alcohol 200 propyl alcohol 200 I-propyl alcohol 400	초산methyl 200 초산propyl 200 초산ethyl 400
500ppm 이상			pentane 600	acetone 750	ethyl alcohol 1000	

[주] 각 물질의 TWA는 물질명 뒤에 나타내었다. 단지 수치 앞의 기호[C]가 붙은 숫자는 천장 수치를 나타내고 있다.

TLV(Threshold Limit Values, 역치한도값) : 대부분의 노동자가 피해를 받는 일 없이 노출하는 것이 가능한 물질의 농도.

6 건축재료와 방산하는 화학물질

VOC와 건축자재의 관계를 아는 것으로 새집증후군의 원인이 도대체 무엇에 기원해서 발생하는 것인지를 알 수 있다.

(1) 건축재료

표 2-17에 각종 건축자재에서 방산되는 VOC를 나타내었다. 가구류는 가장 주의해야 할 집기 중 하나이다.

> "가구나 집기류의 표면적은 마루바닥재 면적의 3배가 된다."

새집증후군의 사례 중에는 새롭게 구입한 침대와 옷장인 경우가 많다. 내가 아는 사람도 신축 후 새집증후군이 됐지만, 신기하게 부인과 아이보다 본인이 심했다. 집안을 조사해 가는 동안에 그 사람의 몸에 습진이 나온 이유는 새롭게 산 녹다운knockdown방식의 가구에서 방산되는 포름알데히드였다. 즉 이 가구에 넣어둔 속옷에 포름알데히드가 흡착된 것이다.

또 새집증후군의 집에서 특히 아이가 심했던 것은 새롭게 들어온 침대 바닥판의 MDF와 섬유판에서 방산되는 포름알데히드가 원인이었던 사례도 있다.

표 2-17 각종 건축자재와 VOC

(측정 2003년 6월)

새집증후군 발생 개소			검출물질(측정)
	항목	부위	
가구	가구류	서랍의 바닥판과 안쪽 판	formaldehyde
가구	부엌류	서랍의 판자	formaldehyde
가구	부엌류	표면의 폴리에스테르 도장	styrene
가구	침대	바닥재(섬유판)	formaldehyde

가구	장롱류	바닥재 · 표면의 화장판	formaldehyde
가구류	CZ, 세면	각종 선반 판자(3면은 잘린 채)	formaldehyde
실내	벽장	방충제	p-dichlorobenzene
기타	벽장	의류(클리닝용제)	tetrachloroethylene
기타	실내	카펫류(클리닝용제)	tetrachloroethylene
기타	장롱류	의류(클리닝용제)	tetrachloroethylene
내장재	벽장	각종 합판	formaldehyde
내장재	벽	벽지(인쇄 잉크)	toluene · xylene
내장재	벽	기초 합판	formaldehyde
내장재	벽	규조토벽	formaldehyde · 방부제 · butanol
내장재	벽지	난연제(sulfanin 산 guanidin)	formaldehyde
내장재	주택부제	도장품	xylene · toluene · MIBK
내장재	목제 문	MDF(상 · 하는 잘린 채)	formaldehyde
내장재	목제 문	오버레이 시트(잉크, 도공제)	toluene, xylene
내장재	마루바닥재	코르크타일 (시공에 사용한 접착제)	toluene · MEK
내장재	마루바닥재	마루바닥재	formaldehyde
내장재	마루바닥재	마루바닥재(UV도장)	styrene
내장재	마루바닥재	쿠션 마루바닥재(시공에 사용한 접착제)	고비점 용제
도료		도료	formaldehyde · acetaldehyde
내장재	계단	측판	formaldehyde
내장재	계단	측판	formaldehyde
내장재	벽	벽지	가소제
내장재	부엌 주위	방부제	인계 · 염소계
내장재	다다미	방부제	p-dichlorobenzene
내장재	목제 문	오버레이 시트	가소제
내장재	마루바닥재	카펫류	formaldehyde
내장재	마루바닥재	마루바닥재(접착제)	toluene
마루바닥재 아래	마루바닥재	방부제 · 흰개미구충제	인계 · 염소계

이와 같은 사례에서 보듯이, 가구나 부엌의 선반 등은 특히 주의가 필요하다. 또 폴리에스테르 합판의 스티렌은 특히 주의가 필요하다. 가구나 수납장, 부엌의 바닥 · 안쪽, 표면의 화장에 주의가 필요하다.

벽장은 이번의 일본 건축기준법 개정으로 인하여 안쪽에 사용되는 보드의 방산기준이 F☆☆☆이상이지만 사용하는 목질재료는 특히 주의를 요하고 싶다. 등급을 내리면 포름알데히드의 방산량이 높아 의류나 침구에까지 포름알데히드나 스티렌류가 흡착되어 증상이 심해지는 경우도 많다. 이러한 사례는 벽장에서도 마찬가지로, 특히 최근의 폴리에스테르 합판을 사용에서 스티렌 악취가 의류에 흡착하게 되어 습진이 나타나는 경우도 있다.

최근 벽재는 이전에 비해서 등급이 조금 높아졌다고 생각하지만, 규조토 등 자연계 건축재를 무조건 좋게 보면 안 된다. 특히 규조토는 화학물질을 흡착하는 것으로 사용된 바인더 binder와 방부제가 조직 내부에 흡착해서 몇 개월이나 걸쳐 방산하는 가능성도 있다. 방부제의 장뇌나 부탄올 butanol이 검출된 큰 회사의 제품도 있으며, 물론 포름알데히드가 검출된 제품도 있다. 또 벽지는 라미네이트 laminate 공정에서 톨루엔, 크실렌을 사용하는 경우도 있고 고속인쇄 후 폴리에틸렌 봉지로 포장한 것은 한번 건물 밖에서 4~5일간 방치해 두는 것이 필요하다. 벽 시공 시 사용하는 녹말풀은 물과 섞이지 않고 언제까지나 톨루엔류가 잔존하는 경우도 있다.

부엌 주위와 마루바닥재 아래의 유기인계, 유기염소계의 방충제와 흰개미 구충제에는 특히 주의가 필요하다. 부엌의 마루바닥재 아래 수납부에서 마루바닥재 아래에 도포한 약제가 따뜻한 공기의 흐름을 타고 실내에 들어오는 경우가 많다. 주부가 부엌에서 마비증상과 두통, 신경통을 느끼는 것은 이 경우이다.

최근 아파트와 주택의 문(벽장을 포함한다.)은 멋진 나뭇결의 염화비닐 시트로 처리한 제품이지만, 오버레이 overlay 가공에 사용한 접착제에 톨루엔, 크실렌이 잔존하고 있는 경우가 있다. 또 시트의 잉크에 있는 VOC에도 주의가 필요하다. 가능하면 설치하기 전에 문의 포장지를 벗기고 건물 밖에서 1주간 정도 말리는 것도 필요하다.

코르크 타일에서는 시공 시 사용한 합판, 고무용제계 접착제중의 톨루엔류가 문제가 되어 이와 같은 종류의 문제점이 수없이 발생하고 있다. 최근 아시아, 유럽에서 코르크 타일과 고무합판 등이 수입되고 있어, 포름알데히드 농도에 대해서는 F☆☆☆☆표시가 있는 건축재를 확인하고 내부 인테리어 마감재로 사용해야 한다.

또한, 포름알데히드 농도만이 아니라 목재 방부제에도 주의가 필요하다. 가능하면 사전에 확실히 자신의 눈과 코로 확인하는 것이 중요하다. 관련된 지식이 없을 때는 일본합판공업협회와 섬유판공업협회와 상담하는 것이 필요하다(포름알데히드 농도와 VOC, 유기인계 화합물의 측정을 하는 것으로 본질을 알 수 있다). 특히 새롭게 수입된 제품의 경우 더욱 주의가 필요하다.

마루바닥재에서는 표면의 UV도료가 주된 원인이 된다. 대부분의 도료가 스티렌의 올리고머 oligomer나 우레탄 도료이기 때문에 스티렌 모노머 styrene monomer나 우레탄수지계 도료의 톨루엔류가 주요한 원인이 될 것이다. 마루바닥재의 안쪽은 접착제로 접착되어 있는데, 이때 사용되는 쿠션재의 가공에 적용한 접착제에서 톨루엔이 나오는 것도 있기 때문에 포름알데히드 농도와 VOC 방산의 시험 데이터를 확보하는 것이 매우 중요하다.

카펫의 경우에서는 안쪽은 jute계의 가공과 표면 잔털의 방수가공에 포름알데히드가 사용되고 있다. 어느 아파트의 사무소에서는 콘크리트 마루바닥재에 전면에 깔아져 있는 카펫에서 0.15ppm의 포름알데히드를 검출했다. 또한 카펫의 시공 중 클립퍼 clipper공법에 사용한 합판 고무용제형 접착제 속의 톨루엔이 미건조된 채로 존재하고 있어, 여기에서 근무하고 있는 N씨는 이러한 화학물질에 피폭해서 몸 전체에 습진이 생긴 것이다.

세탁 세제용 재료인 테트라클로로에틸렌 tetrachloroethylene은 휘발하기 어려워 의류에 남는 경우가 많기 때문에 세탁에서 돌아온 의류는 반드시 밖에서 2~3일 동안 통풍이 되는 곳에 말리는 것도 중요하다.

이상으로, 건축내장재와 발생하는 VOC류에 대해서 서술하였다. 이러한 데이터베이스(DB)를 건축가 여러분은 축적해 두는 것이 중요하다. 특히 도료, 접착제, 왁스류에 대해서는 반드시 MSDS를 입수할 수 있기 때문에 자사에서 사용하는 재료에 대해서 반드시 MSDS와 성분표(가능하면 0.1% 이상의 것에 대해서 표시되는 것이 중요)를 입수해서 DB화 되는 것을 권장한다. 건축재와 도료 등은 10×15cm각의 크기의 것 2장을 4~5L의 챔버에 2~3일간 넣은 후, 스스로 악취를 만들어 보는 것도 필요하다(도료, 접착제는 유리판에 도포해서 3~4일 후에 넣는다).

(2) 생활 속의 새집증후군 발생물질의 계기가 되는 제품

표 2-18에 생활용품과 여기에서 방산되는 VOC에 대하여 나타내었다. 생활용품은 앞에 서술한 것과 약간 중복되는 부분이 있지만, 이것은 반대로 방에서 측정, 검출된 물질이 도대체 무엇에서 기인하는 것일까를 일반적으로 생각한다. 즉 당신이 새집증후군이 되었을 때에 주의해야 할 제품이라고도 생각할 수 있다.

표 2-18 새집증후군 · 화학물질과민증을 불러일으킬 가능성이 있는 주위의 물질

접착제	toluene, xylene, acetone 초산 ethylene, DBP, DOP MEK, MIBK, xylene 외	각종 수성 · 용제계
도료	toluene, xylene, ethylene benzene, 계면활성제 MIBK, MEK, butyl acetate, cellosolve, texanol acrylic수지, ethylene glycol, mineral spirit, alcohol	니스 외
천연계 도료	terpene, limonene	아세트알데히드 · 포름알데히드 방산 가능성 있음
왁스	styrene acriylic, tributoxyphosphine, toluene, xylene, formalin glycol ether, 등유, DBP, TBXP 외	방부제로서 포름알데히드를 포함한 것도 있다.
벽지	가소제, 안정제, 난연제 일부 포름알데히드가 나오는 것도 있다	염화비닐, 천, 종이, cotton, 일본종이
마루바닥재 시트	가소제, 안정제	가소제, 안정제

커튼	난연제, 인산 Tributyl, formaldehyde	섬유계
목질 건축재	formaldehyde, 목재방부제	합판, 섬유판, PB, MDF, 집성재
가구	formaldehyde, styrene, toluene, xylene MIBK	폴리에틸렌합판, 화장판, 합판, PB, MDF 등
천장재	가소제, formaldehyde	합판, 비닐천, rocktexture
마루바닥재	칠한 마루바닥재(epoxy류)	
마루바닥재	formaldehyde, 난연제, 방충제	융단, 카펫
문	toluene, xylene	MDF, 염화비닐시트, olefin시트
단열재	styrene, urethane	styrene form, GW, cotton urethane form
다다미	방충제, formaldehyde, styrene	방충제, 섬유판, styrene form
바닥	styrene, urethane	도료, 합판
부엌	formaldehyde, styrene, toluene, xylene	폴리에틸렌합판, 도료, 합판, PVC 랩핑 시트
흰개미구충 제	유기인계, 유기염소계, carbamate, pyrethroid계 chlorpyrifos, Fenobucarb 외	
목재 방부재	유기인계, 유기 halogen계, carbamate계, pyrethroid계 chlorpyrifos, Fenobucarb, creosote유 외	
소취제 · 방향제	p-dichlorobenzene, limonene, α -pinene	limonene, terpene의 악취에도 주의한다.
살충제	p-dichlorobenzene, fenitrothion, chlorpyrifos, permethrin	
세제 · 표백제	계면활성제, 차아염소산 나트륨	
샴푸	계면활성제, glycol 류	
학용품	formaldehyde, 가소제, 항균제 외	먹물, 지우개
클리닝	염소계 용제(perchloroethylene 외)	
잉크	toluene, xylene, 초산ethyl, 석유 naphtha 외	
화장품	계면활성제, 향료, glycol류	

안전성을 확인하기에는 우선 MSDS · 성분표를 입수한다. 벽지에는 ISM규격 · SB규격 · RAL규격 있음.

접착제와 도료에 관해서는 제3장에서 서술하겠다. 왁스는 새 학교문제에서 큰 화제가 되고 있지만, 그것은 실내 표면에의 도포와 학생이 직접 맨손으로 하는 왁스작업에서 더 안전성이 필요하다.

주성분은 스티렌 아크릴 styrene acrylic 공중합 수지이지만, 피막형성 가소제로서 유기인계의 TBXP가 사용되고 있는 것도 많기 때문에 안전성에 대한 문제가 제기되고 있다.

이 외에 DOP와 등유, 고비점용제, 글리콜 glycol계 용제, 이 외에 톨루엔 등을 사용하는 것도 있다. 접착제와 달리 직접 실내에 VOC가 방산되기 때문에 왁스작업 후에는 충분히 환기하는 것이 중요하지만, 의외로 이 점이 지켜지지 않고 있다.

휴일에 왁스 도포 후에도 1~2일 동안은 환기를 하는 것이 중요하다. 특히 왁스를 제거하기 위해 유기용제를 사용하고 있기 때문에 주의하지 않으면 안 된다. 가정에서는 다양한 살충제와 소독제, 살균제, 소취제, 표백재가 사용되고 있다. 이러한 제품에는 유기인계와 유기염소계, 카바메이트 carbamate계, 피레스로이드 pyrethroid계 등의 물질이 사용되고 있는데 그 독성과 취급을 재점검하는 것이 필요하다. 또한 스프레이 제품을 좁은 실내에서 사용하면, 용매의 DME(dimethyl ether)가 실내에 축척되는 경우도 있다. 이외에, 학용품도 포름알데히드를 포함하는 것이 있어 주의가 필요하다. 이처럼 집안과 학용품에 새집증후군의 계기가 될지도 모르는 제품이 다수 있기 때문에 제품의 안전성을 재점검하는 것이 중요하다.

상세한 것은 아래 책을 참조 바란다.

≪生活環境と化学物質用語辞典≫(弘文社)
≪環境管理用語解説≫(弘文社)
≪家庭用防虫剤の安全性を考える≫(화학공업일보)
월간 잡지 ≪OKO TEST≫(10,000엔/년)
≪Wohnen ohne Gift Test≫(2003)
≪農薬ハンドブック≫(일본식물방질협회)

(3) 접착제

건축내장용으로 사용되는 접착제와 그 화학성분을 표 2-20에 나타내었다. 이 표에 나타낸 접착제는 2002년 9월 시점의 것으로 현재는 약간 변화되어지고 있다. 특히 톨루엔과 크실렌을 포함하는 것은 적어지고 있다. 문제가 있는 톨루엔류는 초산 이소프로필 isopropyl과 초산에틸에스테르 ethyl ester, 시클로헥산 cyclohexane 등이 대신해 오고 있다. 이러한 용제는 가격도 비싸고 여름철 건조속도가 빠르게 나타나는 등 작업성은 다르다. 대략 설명하면, 마루바닥재용 목재 접착제는 논톨루엔 non-toluene 타입의 합성고무용제형, 아크릴에멀션 acrylic emulsion형, 우레탄 urethane 수지계 접착제(고비점 용제를 포함한다)가 주류로 되어 오고 있다.

마루바닥재 판용으로서는 고비점 재료를 포함하는 우레탄수지계와 논톨루엔 non-toluene 타입의 에폭시 epoxy수지계가 주류이다.

고분자 마루바닥재 시트류의 시공에는 용제 초산 비닐공중합 수지계 접착제와 우레탄수지계, 변성 실리콘수지계 이외에 합성고무 텍스처 texture계와 아크릴 에멀션계가 사용되고 있다. 특히 아크릴수지의 기술이 향상했기 때문에 아크릴수지계 에멀션이 향후 주류가 될 것 같다.

코르크타일용 접착제로서 종래는 톨루엔을 포함한 합성고무용제계가 주류였지만, 새집증후군 때문에 현재는 합성고무 텍스처계의 VOC를 포함하지 않는 수성 타입으로 계속 개선되고 있다.

벽재용으로,(생략) 벽지에는 녹말에 EVA와 초산 비닐에멀션을 배합한 것이 가장 넓게 사용되고 있다.

한편, 목질보드류의 시공에는 무용제의 변성 실리콘수지계와 우레탄수지계의 접착제가 양면테이프를 임시 고정하여 겸용하는 공법에 널리 이용되게 되었다. 아크릴수지계 에멀션도 사용되고 있다. 단열보드인 스티렌폼 styrene form 시공은 종래 공단의 S-1공법으로서 재생고무용제계 (n-hexane)와 용제형 초산비닐수지계의 변용이었지만, 2001년부터 공단 모양이 변해서 신 S-1공법으로서 변성 실리콘수지계 접착제가 사용되고 있다.

이렇게 해서 보면, 건축내장용 현장 접착제는 논톨루엔 non-toluene, 논크실렌 non-xylene 반응에 이어서 각종 용제를 줄인 타입으로 계속해서 개선되고 있다.

한편 무용제라 불리는 접착제에서는 ① 전혀 용제를 사용하지 않는 non-VOC인 것, ② 안전성이 높은 고비점 재료를 사용하고 있는 것 2개로 나뉘기 때문에 선택할 때에는 각 사의 MSDS를 참조 받는 것이 중요하다.

수성 접착제에서는 종래, 피막형성 때문에 프탈산에스테르계(DBP 등)를 배합한 것이 많았지만, 환경 호르몬의 문제로 현재는 대부분 non-프탈산 형태로 변하고 있다.

가구류의 접착에는 수성 타입의 초산에멀션 타입이 사용되고 있고 표면판의 화장판 가공에 포름알데히드를 포함하는 접착제를 사용하고 있는 경우도 있기 때문에 주의가 필요하다.

건축내장에서는 각종 플라스틱 부품재가 장치되어 있지만, 이 때에는 변성 실리콘수지계와 아크릴 에멀션 타입의 것이 사용된다. 약간의 폼 form 등으로 어쩔 수 없이 용제형의 접착제를 사용하게 될 때에는 접착제 도포 후 오픈 타임을 충분히 갖는 것과 함께 시공 후 충분한 환기를 실시하는 것이 필요하다.

이상 접착제에 대해서 서술했지만, 접착제를 사용해서 시공 후에 어느 기간에서 VOC가 감소하는가 등의 실험이 일본 국토교통성의 오염 메커니즘 분과회에서 이루어져 있어서 소개한다.

표 2-19 건축내장용으로 사용되는 접착제의 용제

부위	용도	분류	주성분	용제 등	함유량 %
마루바닥재	바닥재	emulsion류	acrylic수지	물, 가소제	3~4
마루바닥재	바닥재	urethane류	urethane수지	톨루엔, 고비점용제	5~15
마루바닥재	붙이는 용도	emulsion류	acrylic수지	물, 가소제	
마루바닥재	붙이는 용도	emulsion류	초산 비닐	물(가소제)	

마루바닥재	비닐 마루바닥재용	urethane류	urethane수지	고비점용제	5~15
마루바닥재	비닐 마루바닥재용	엑폭시형	엑폭시수지	acetone, toluene	20~30
마루바닥재	쿠션 마루바닥재용	acrylic latex	acrylic수지	물(고비점용제)	수 %
마루바닥재	염화비닐 타일용	초비닐용제형	초산비닐	methanol	35~45
마루바닥재	비닐 마루바닥재용	초비닐용제형	초산비닐	methanol	35~45
마루바닥재	소프트 건목용	변성 초비닐용 제형	초산비닐	methanol	30~40
건축 내장재	조작부재	emulsion형	초산비닐	물(가소제)	2~5
벽	화장합판 · 보드용	합성고무용제형	chloroprene	toluene, 초산 ethyl, hexane, naphtha 외	30/10 /10/30
벽	벽지용	emulsion형	초산비닐	물(가소제)	(2~4)
벽	화장합판 · 보드용	변성 실리콘형	변성 실리콘	없음	없음
벽	목질 보드	urethane수지형	urethane수지	toluene · 고비점용제	5~15
벽	styrene form용	변성 실리콘형	변성 실리콘	없음	없음
천장	styrene form용	변성 실리콘형	변성 실리콘	없음	없음
천장	styrene form용	초산비닐용제형	초산비닐	methanol	30~40
천장	styrene form용	합성고무용제형	재생고무	n-hexane	60~70
천장	rock wool보드용	초산비닐용제형	초산비닐	methanol	30~40
일본접착제 공업계 자료					
천장	styrene form용	초산비닐용제형	초산비닐	methanol	32
천장	styrene form용	합성고무용제형	재생고무	n-hexane	66
벽 천장	일반용	합성고무용제형	chloroprene	toluene, 초산 ethyl, n-hexane	44/7/1 9
벽 천장	화장합판 · 보드용	합성고무용제형	chloroprene	toluene, n-hexane	12/30
마루바닥재	까는 나무	합성고무용제형	chloroprene	toluene, xylene	34/6

2002년 9월 현재 non-toluene · non-xylene · 무가소제 타입 많음

이 실험에서는 우레탄수지계 접착제를 이용해서 콘크리트와 마루바닥재 판재를 접착해(60cm각 정도)VOC 및 포름알데히드의 방산 경향에 대하여 연구하고 있다. VOC가 줄어들기까지는 1개월 정도가 필요하다. 한편, 저온(15℃)에서 장기간 둔 것이라도 1개월 후에 35℃로 온도를 올리면 VOC는 급격히 방산된다. 이 데이터는 제7장의 그림 7-1을 참조하기 바란다.

그림 2-2는 합성고무용제형 접착제, 아크릴수지계 에멀션, 초산비닐에멀션으로 5cm각의 슬레이트 slate와 목재를 접착해서 헤드스페이서법으로 방산량의 경향성을 분석한 것이다. 여기에서도 VOC의 방산이 줄어들기 위해서는 2개월 정도 필요한 것을 알 수 있다. 어느 쪽의 실험도 환기를 하는 것이 필요하다.

이처럼 용제계 접착제를 이용해서 접착공사 후에는 20~25℃에서의 환기가 필요한 것을 알 수 있다.

현재의 건축내장공사에는 접착제가 맡은 역할은 크고, 접착제를 이용하지 않는 건축공사는 있을 수 없다고 해도 과언이 아니다. 따라서 그 사용량은 상당히 많고 접착제 시장은 전체 건축재료 시장의 22%라는 중요한 위치를 차지하고 있다.

한 채의 주택에 사용되는 접착제의 사용량은 목질건축재의 요소 urea 수지계를 포함해서, 마루바닥재 면적이 70m²의 집합주택에서 102kg, 목조재래공업의 130m²에서는 실제로는 228kg이다. 자세한 것은 표 2-20에 나타내었다.

주택용의 접착제는 다음 3개의 큰 구별되는 것에서 각각의 공업회가 다르기 때문에 시험방법도 같지 않다. 표 2-21에 접착제와 공업협회를 나타내었다.

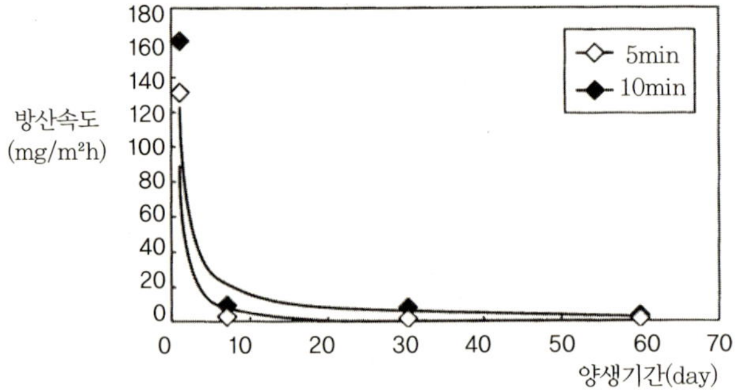

접착제 A에서의 VOC 및 방산경향성

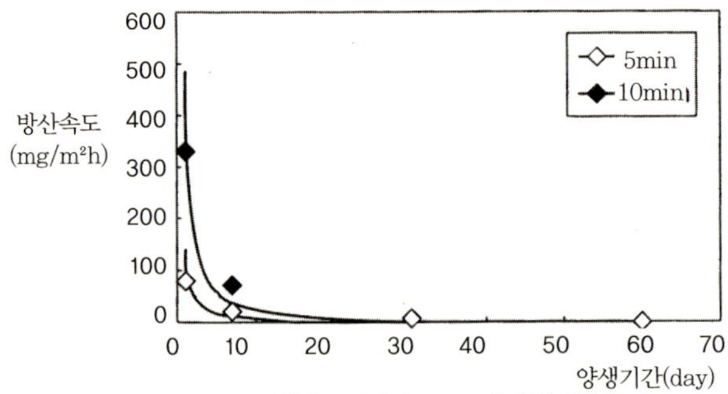

접착제 B에서의 VOC 및 방산경향성
(5min, 10min : 도포 후, 접착 전의 방치시간)

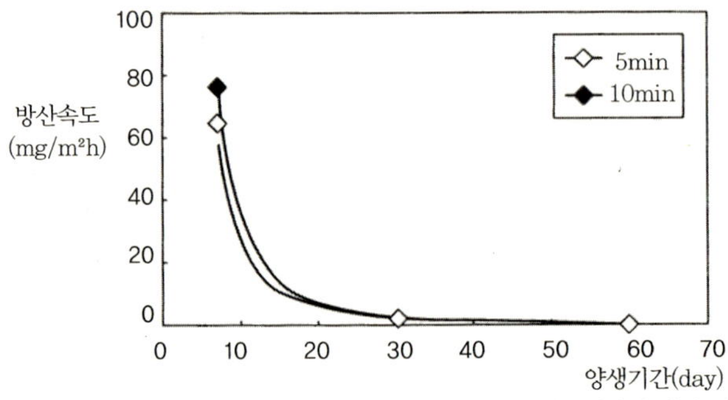

슬레이트에 도포한 접착제 B에서 방산되는 화합물질량의 방산 경향성

	종 별	주 성 분	함유용제	용 도
접착제 A	고무용제계	합성고무계	톨루엔	목질건축재용 · 마루바닥재 조립용
접착제 B	우레탄계	우레탄폴리머	이소파라핀(isoparaffin)	바닥용

그림 2-20 접착제에서의 VOC 방산속도(久保田紀久枝씨 논문)

표 2-20 접착제의 사용량

■ 총마루바닥재 면적 130m²의 신축 한 채 건물 주택에서 사용되고 있는 접착제

용 도	종 류	사용량
벽지 시공용	녹말, 초산비닐에멀션	60kg
목질 바닥용	2액형 에폭시, 1액형 우레탄, 합성고무용제형 아크릴 에멀션	90kg
건축내장재 시공용	합성 고무용제, 아크릴마스틱 초산비닐에멀션, 초산비닐용제형	20kg
목질건축재 제조용 접착제	요소, 멜라민, 페놀, SBR 라텍스, 초산비닐에멀션, EVA비닐에멀션	58kg
합계		228kg

■ 총마루바닥재 면적 70m²의 아파트 한 채당 사용되고 있는 접착제

용 도	종 류	사용량
벽지 시공용	녹말, 초산비닐 에멀션	35kg
목질 바닥용	2액형 에폭시, 1액형 우레탄, 합성고무용제형 아크릴 에멀션	20kg
건축내장재 시공용	합성 고무용제, 아크릴마스틱 초산비닐 에멀션, 초산비닐용제형	12kg
목질 건축재 제조 시 접착제	요소(urea), 멜라민, 페놀 SBR 라텍스, 초산비닐 에멀션, EVA 에멀션	30kg
CF 시공용	초산비닐 용제형, SBR 라텍스	5kg
합계		102kg

표 2-21 접착제와 공업협회

(1) 목질 건축재용 접착제 : (일본합판공업협회 · 일본집성재공업협회 · 일본섬유판공업협회 외)	목질 건축재의 제조 시에 사용되기 때문에 요소수지계, 페놀수지계, 멜라민수지계, 레조르시놀(resorcinol)수지계(이상이 포르말린과 반응시킨다), 수성비닐우레탄 접착제가 있다. 합판용인 JAS는 2003년 4~5월에 개정되었다(농림성 품질과 임산반의 HP).
(2) 벽지용 접착제 : (일본벽장재협회)	벽지와 비닐 천을 현장에서 시공할 때에 이용하는 접착제. 녹말계가 많고, 방부와 피막 증강을 겸해서 포르말린이 배합되고 있는 것이 있다. 또 시공 시에 첨가하는 경우도 있다(JIS A6922).
(3) 현장시공용 접착제 : (일본접착제공업협회)	마루바닥재 · 벽재 · 천장재의 시공에 사용하는 접착제. 초산비닐에멀션, 합성고무 라텍스계, 합성고무 라텍스계, 용제형 고무계, 용제형 초산비닐수지, 우레탄수지계, 에폭시수지계 등의 접착제가 있다.

(4) 도료

표 2-22에는 각종 도료와 그 구성성분을 나타내었다. 도료는 용제형이 주류이고, 이러한 용제계 도료에는 톨루엔, 크실렌, 미네랄 스피릿 mineral spirit (고비점용제의 혼합품), 부탄올 butanol, 셀로솔브 cellosolve류 등의 VOC가 배합되어 있다. 접착제와 달리 도료는 도포막의 마무리성과 도포시의 작업성이 중요하기 때문에 반드시 고비점용제가 사용된다. 최근에는 수성계의 우레탄수지계 도료도 일부 출시되고 있다. 또, 마루바닥재용 UV도료라는 수성계 제품도 이미 개발되고 있다.

도료는 접착제와 달리 주택현장에서 도장하는 것은 상당히 적어지고 있지만, 신축에서도 계단 주위와 설치 부재료를 도장하는 경우가 있다. 내장용이라면 내수성은 그다지 필요하지 않기 때문에 가능하면 수성 타입을 사용하는 것이 바람직하다. 이 때 프탈산에스테르계 가소제와 텍사놀 texanol과 글리콜 glycol계 용제가 포함되지 않는 것을 사용한다.

저자의 경험으로 새집증후군 원인이 되는 것은 도포된 에나멜계와 염화비닐계 도료의 악취이다. 후에 서술하는 병원과 아파트에서 상당히 장기간 악취가 존재하고 있는 것은 심각한 문제이다. 또한, 일반주택 외벽의 리모델링 도장에 사용되는 아크릴수지계 도료에도 각종 고비점의 용제가 포함되어 있어 외벽 도장공사에서 스프레이 도포하는 것으로 스프레이 도포 시 발생하는 도료 안개 mist가 인접하는 집에 튀어, 인접의 주민 건강을 해친 사례도 있었다. 이러한 것에서 외벽용이라 하더라도 사이딩 siding 공장에서의 도장공정과는 다른 것으로, 보다 안전한 도료의 개발이 필요하다.

한편, 동경도 센가와 강동구의 초등학교는 도장공사 실시로 새 학교와 마찬가지로 주택의 천장에 외벽용 고비점용제를 30% 포함하는 도료를 사용해서 주택 재실자의 건강을 해친 사례가 있었다. 이 경우에서는 모든 천장을 새로 발랐지만, 벽과 마루바닥재에 고비점의 용제가 스며들어 잔존하게 되었고, 이에 대하여 환기풍을 2개 설치하는 것으로 마무리하였다. 어느 사례에서는 아파트의 벽 · 천장 전면에 니스를 도포한 것으로 인해 1년 가까이 테라핀(유화 그림 도구)의 악취가 온 집안을 떠다녔다.

표 2-22 도료와 그 성분

도료의 종류		주요 용도	주요 용제류
유성도료		건축 내 · 외장, 목질부, 목공	mineral spirit
래커류		자동차 보수	toluene, xylene, alcohol류 ester류, ketone류, cellosolve류
알키드수지계	합성조합	건축 내 · 외장, 철강구조물	xylene, mineral spirit
	에나멜류	금속제품, 산업기계, 목질부	xylene, mineral spirit
	녹 방지 도료	철강구조물, 선박, 산업기계	xylene, mineral spirit
아미노 알키드 수지도료	강제 건조형	목공	toluene, xylene, alcohol계 ester류, ketone류, cellosolve류
	소부형	자동차, 금속제품	toluene, xylene, alcohol계 ester류, ketone류, cellosolve류, naphtha류
비닐수지계		선박, 철강구조물	toluene, xylene, alcohol계, ester류, ketone류
아크릴수지계	상온 건조형	건축	xylene, mineral spirit
	소부형	자동차, 금속제품	
에폭시수지계		철강구조물, 선박, 금속제품	toluene, xylene, IPA, MIBK
우레탄수지계		자동차, 자동차 보수 건축, 철강구조물	toluene, xylene, alcohol류 ester류, ketone류, cellosolve류
불포화 폴리에스테르계		자동차 보수(putty), 목공	styrene
염화고무계		선박, 철강구조물	xylene, cellosolve류
선저용 도료		선박	xylene, mineral spirit
실리콘수지계		내열도료, 건축외장	xylene, mineral spirit
불소수지계	상온 건조형	건축외장	xylene, mineral spirit
	소부형	건축소재(외벽)	xylene, cellosolve계
기타의 용제계			수지계에 의해서 용제선택
에멀션도료	상온 건조형	건축 내 · 외장	glycol류, 텍사놀
	전착 도료	자동차, 금속제품	alcohol류, ketone류, cellosolve류
수용성형		금속제품	alcohol류, cellosolve류
분체 도료		금속제품	용제 사용하지 않음
무기질 도료		건축소재	종류에 따라서는 alcohol류

도료는 접착제에 비해서 도포 피막이 200g/m²로 얇지만, 사용되고 있는 유기용제의 비점이 높은 것으로 인해 성분 휘발에 시간이 걸리는 것과 도포된 도막이 직접 방의 실내와 접하고 있기 때문에 주의가 필요하다. 적어도, 리모델링으로 실내를 도장할 때는 거주자는 1개월 이상 방에 가까이 하지 않는 것이 필요하다.

유기용제의 휘발은 다음과 같은 과정이 되는 것을 확실히 이해하길 바란다 [카가(Kaga, 加賀)초등학교는 미량의 고비점용제가 뒤에서부터 휘발해 새 학교증후군이 된 전형적인 사례이다].

> "저비점의 용제가 휘발 → 물이 휘발 → 고비점용제가 휘발
> → 가소제류(비점 250℃ 이상)이 휘발한다."

수성도료에 대한 설명은 다음과 같다.

1) 수성도료의 조성

통상의 도료는 액체이다. 도료에는 도막성분이 되는 수지나 안료와 도부작업을 행하기 위해 수지를 녹이는 용제, 이외에 여러 가지 목적으로 첨가제가 들어가 있다. 수성도료에서는 주로 물을 사용하지만, 기타 수지를 녹이기 위해 용제가 사용된다. 그러나 그 중에는 물과 상용성이 좋은 수지나 상용성 개선을 위한 연구에 의해 용제의 주성분을 물로 한 것이 가능하게 되었는데 이러한 도료를 수성도료라 한다. 물 이외에 동결방지 등을 위해 용제 부성분으로서 유기용제가 조금 들어가 있는 것이 보통이다. 작업성 면에서는 비점이 높은 용제도 사용된다.

2) 수성도료의 안전

화학물질이 사람의 건강과 환경에 대해서 다양한 영향을 주는 것은 이미 알려져 있다. 화학물질의 영향에는 여러 가지 있고, 이 영향은 화학물질의 종

류와 노출되는 양에 따라 다르다. 그래서 대상으로 하는 화학물질과 영향의 종류가 어떠한 것인지 인식하고 있는 것은 중요하다. 도료 속의 용제는 도장 시에 대부분 대기 중에 날아 흩어진다.

① 대기로의 환경영향

도료 속의 용제류는 모두 대기 중에 방산된다. 이 영향은 환경조건을 변화시키는 것(지구온난화 등), 환경조건의 변화가 사람의 건강과 동·식물에 영향을 주는 것(광화학 스모그, 오존층 파괴 등), 방산되는 물질 자체가 사람의 건강과 동·식물에 영향을 주는 것 등을 생각할 수 있다. 이번, 환경성은 도료 등의 VOC를 대폭으로 삭감하도록 법안화를 검토하고 있다(2010년까지 30% 삭감). 문제가 되는 도료 속의 유기용제는 그 종류와 양에 따라 그 영향은 다르다. 수성도료도 그 종류가 다양하지만, 용제형 도료에 비하면 그 영향은 상당히 낮은 것이라 생각해도 좋다.

② 도장한 것 등에 의한 영향

최근에는 새집증후군 문제 등 주거, 학교 등의 생활공간에 있어서 거주자에게 화학물질에 의한 다양한 영향이 나타나고 있다. 이것들은 미량이지만 대부분 "영향을 준다"라고 말하고 있다. 건강에 영향을 주는 것과 화학물질의 관계에는 아직 알려져 있는 것이 많지 않기 때문에 현재 이에 대한 대책을 논의하고 있다.

이 문제에 대해서 수성도료는 유기용제가 적다라는 것으로 안전성이 높으리라 생각되지만, 새집 등에서는 상당히 적은 노출량도 문제가 되므로, 수성도료이기 때문에 문제가 없다는 것은 말이 되지 않는다. 아직 100% 수성도료는 많지 않고 몇 % 정도는 VOC를 포함하는 것이 많다. 그래서 현재는 이 대책을 위해 유기용제량을 보다 적게 첨가한 타입의 수성도료도 개발하고 있다.

중요한 것은 접착제, 왁스, 도료, 천장재 ceiling재, 규조토 외 각종 건축재에서는 MSDS에 기재 의무가 없는 1% 미만의 VOC에 주목하는 것이다. 특히 첨가제, 연화제, 분산제, 방부제 등은 확실히 주목해야 한다.

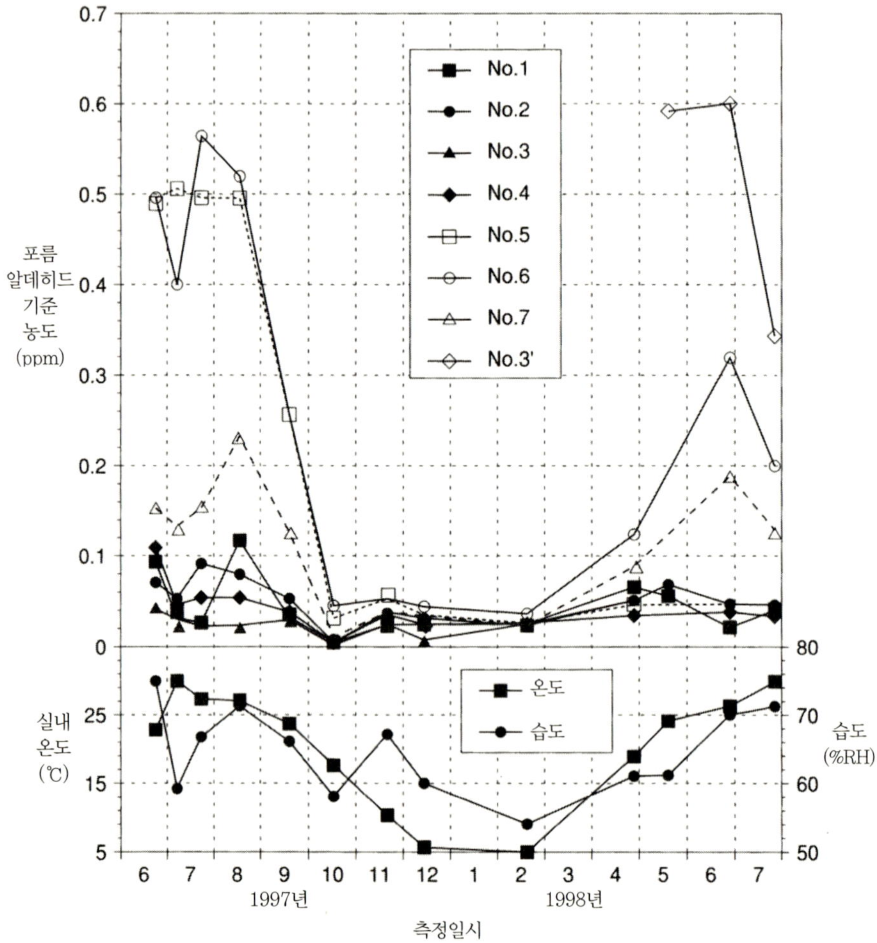

각 실험실의 포름알데히드 기준농도 및 실내온습도의 변화
주 1) 기중농도는 24시간 수종적인 법에 의한 측정치

그림 2-3 경시변화에 의한 합판의 포름알데히드 방산량

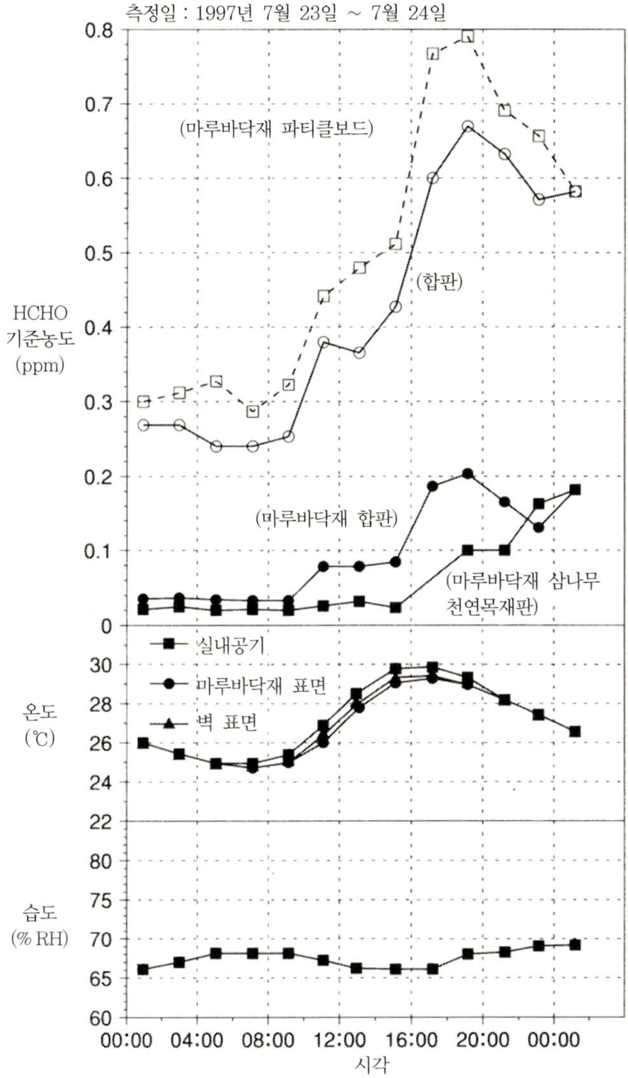

하계 24시간의 기준농도의 측정사례

마루바닥재 삼나무 천연목재판은 목질부 15mm, 마루바닥재 합판은 구조용 합판 15mm(데시케이터 수치 2.73), 마루바닥재 파티클보드는 15mm(데시케이터 수치 6.41), 벽재용 합판은 보통 합판 12mm(데시케이터 수치 4.99)로 어느 쪽이나 토대로 사용. 마루바닥재 재료 면적 7.34m^2, 벽 재료 면적 23.28m^2, 실재 유효면적 17.62m^2

그림 2-4 노출시간과 합판의 포름알데히드 방산량

표 2-23 포름알데히드의 경시 변화 모델(어느 쪽이든 6월을 기준으로 한다)

경과연수	포름알데히드 농도(ppm)	지수(초년도 100으로 한다)
초년도(시공 직후)	0.5	100
1년째(6월)	0.35	70
2년째(6월)	0.24	49
3년째(6월)	0.17	34
4년째(6월)	0.12	24
5년째(6월)	0.08	17

> 0.25ppm : 사는 것은 어려워 재판 수준
> 0.15ppm : 환기를 해서 어떻게든 살 수는 있지만, 2년은 걸린다.

(5) 포름알데히드의 방산

포름알데히드는 도료나 접착제의 VOC와 달리 장기에 걸쳐서 목질 건축재 내부에 잔존하고 있다. 어떤 업체 관계자가 말한 "포름알데히드 같은 건 1~2 주간으로 날아가서 없어지니까 괜찮아"라고 생각하고 있다면, 아주 잘못된 일이다. 목재의 도관과 가도관의 내부에 들어가 셀룰로오스 cellulose, 헤미셀룰로오스 hemicellulose, 리그닌 lignin 등과 부분적으로 반응하기 때문이다.

이러한 목재의 성분과 결합하는 확실한 증거는 합판(목재)이 장기간에 걸쳐서 썩지 않는다는 것이다. 이른바 포름알데히드는 방부제의 역할도 하고 있는 것이다.

합판의 노출시간 변화에 의한 포름알데히드의 방산거동을 그림 2-3에 나타내었다. 이 그림은 1996년부터 내가 속해 있는 일본 4개의 일본 각 정부부처에 의한 일본건강주택연구회의 일본목질분과회에서 실제로 4.5장의 방을 6개 만들어 포름알데히드의 거동을 조사한 것이다.

이 그림에서 알 수 있듯이 특히 포름알데히드가 0.5ppm으로 높은 수치의 방에서는 1년에 30% 정도밖에 포름알데히드 농도가 저감하지 않는다. 즉 초기의 여름에 0.5ppm이었던 실내의 농도가 겨울에는 상당히 내려가지만, 다음 해의 여름에는 0.35ppm을 나타내고 있다. 이렇게 되면, 국가의 기준 0.08ppm에 이르기까지는 5년은 걸리는 것을 알 수 있다. 이것은 정기적으로 환기한 상태이기 때문에 환기설비가 없는 경우에는 보다 시간이 더 걸릴 것이다. 표 2-23은 앞의 2-3의 데이터를 기초로 포름알데히드의 방산변화를 저자가 측정한 것이다.

한편, 여름과 겨울의 포름알데히드 방산거동은 다르다. 그림 2-4에는 하계의 시각마다의 포름알데히드의 방산농도 변화를 나타내었다. 여름은 오후에 서쪽 태양이 닿는 등 건물 자체가 따뜻해져서 실내의 포름알데히드 농도가 높아지는 것은 저녁 6시~8시이다. 무엇보다 통상 2~3시경의 실온이 가장 높아진다. 그 점에서는 후생노동성의 측정 매뉴얼로 5~8시간 닫은 후(오후 1~3시경) 측정하는 것이 가장 타당성이 있다.

03

실내공기 측정방법

1 측정은 어떻게 하는가?

새집증후군인가 라고 생각할 때나, 방의 공기가 걱정될 때에는 반드시 실내의 공기를 측정 받을 것을 권유한다. 그렇다면 어떻게 측정하면 되는 것인가? 표 3-1에 측정의 종류와 개요를 나타내었다.

새집증후군에 있어서 가장 중요한 것은 어디에 그 원인이 있는가를 발견하는 것이다. 그러나 정확하게 그 원인을 발견해서, 그것을 감소시켜 없애는 것은 상당한 경험과 비용을 요한다. 최근 모 주택신문에 측정기관의 일람표가 실려 있었다. 각 보건소에서도 측정하는 장비가 갖추어져 있는 것은 바람직한 현상이다. 일찍이 저자는 측정을 하지 않고 “후각 크로마토그래피”에 의존해 있었다. 그것은 그 나름대로의 가치가 있다. 그러나 실제로 수치에 의해 실내의 공기 수준 및 물질농도를 아는 것이 가장 중요하다.

저자는 1999년~2002년 8월까지는 수동식의 간이 측정기를 사용하였다. 2002년 8월부터는 소형 펌프를 사용해서 Active법이라는 가장 정밀한 방법으로 실내공기를 측정하고 있다. 간이 측정법은 비용이 저렴하며 편리하다. 그러나 2003년 7월의 일본 건축기준법 개정처럼 포름알데히드 농도의 수치가 확실히 나오고, 또 같은 해 6월 6일의 일본 국토교통성 주택국 종합정비과 공문에 의한 공공주택의 측정과 주택품질확보법에 의해 6개 물질을 측정하려면, 반드시 Active법이나 Passive법을 이용해서 측정할 필요가 있다.

지금의 실내공기질 측정은 Active법이 가장 정확하다. 이 같은 실내공기질(IAQ)의 측정방법은 ISO 16000이나 ENV 13419(유럽의 규격)로 정확히 정의되고 있다. 따라서 이러한 Active법은 전 세계에 있어서 공통 측정법이다.

일부에서는 이러한 Active법에 대하여 회의적인 시각을 가지고 있지만, 재판에서 Active법에 의해 측정한 각종 8개 화학물질(저자는 52개 물질을 분석 측정하고 있다)의 데이터와 사용한 각종 건축재에서의 VOC 방산 데이터를 제출한다면, 이에 대해서는 반론의 여지가 없는 것이다. 그 만큼 Active법은 확실하다고 말할 수 있다. 물론 Passive법도 비용이 저렴하며 측정방법이 용이한 장점도 있지만, 데이터에 관해서는 약간의 신뢰성에 문제가 있다. 24시간 동안 방치하고 있는 사이에 실내의 모양이 변하는 것도 예측된다. 특히 거주하면서 측정하면 거주자가 술을 마시거나 담배를 피우거나 또는 헤어스프레이의 사용에 의하여 측정치의 신뢰도가 무너져 버린다. 상세한 것은 후에 서술하지만, 실내공기의 측정에 이용되는 Active법에서는 농약과 방충제류의 유기인 화합물과 마루바닥재 하부 및 가구 · 건축재에서 방산되는 VOC나 포름알데히드도 정확히 측정할 수 있다.

측정은 누구나 할 수 있을 거라고 생각되겠지만, 무엇보다도 경험이 필요하다. 일본 후생노동성의 매뉴얼(새집증후군 문제검토위원회 보고서)에 따라 보건소와 측정회사처럼 실내의 한가운데에서 실내의 공기 질을 측정할 수 있다.

문제는 여기부터이다.

당신이 병에 걸렸을 때 병원에서 진찰과 검사를 행하고 병명을 붙여서 적당한 약이 나온다. 그래서 낫는 경우도 있다. 그러나 당신이 정말 알고 싶은 것은 "병이 무엇이고, 그것이 무엇에 의해 일어났는가(정신적인가 식사에 기초하는 것인가, 과로인가 과식인가…)"이다. 원인을 알 수 있다면 보다 안심이다. 그리고 그 치료방법을 배우고 처음엔 납득할 수 있는 것이다. 특히 화학물질과민증과 새집증후군의 환자에게 있어 무엇이 원인으로 이러한 병에 걸린 것인가는 중요한 문제이다. 새집증후군에 걸린 원인은 정말 거주하는 주택이 문제인 것일까? 확실히 "신축주택", "리모델링 때문이다."라고 말할 수 있는 사람은 적을 것이다. 즉 계기가 된 것은 확실하다. 내가 아는 사람들 대부분이 그렇다.

새집증후군과 화학물질과민증에 걸리는 사람들은 이미 그 상황에 이르기까지 다양한 삶의 모습으로 살아 왔을 것이다. 그 사람의 10~20대에 살아 온 생활양식과 식생활, 지구환경의 상태도 중요하다. 나처럼 18세부터 화학을 배우고 실험을 시작하여 화학회사에 있는 사람은 새집증후군이나 화학물질과민증의 예비군이라도 이상하지 않는 것이다.

제1장에서도 서술했듯이 저자는 마루바닥재 하부의 조사를 하고 흰개미구충제인 유기인에 의해 해를 당했다. 병명은 "새집증후군 — 유기인 화합물에

의한 급성독성"이다. 본인처럼 확실히 원인을 알 수 있는 것은 오히려 행복하다. 신축된 주택도 아니고 낡은 20년의 공단에 살고 있는 S씨가 왜 새집증후군이나 화학물질과민증이 매일매일 심해지고 있다는 것을 알 수 없는 경우도 있다. 원인에 대한 분명한 확인이 가능하다면, 나중에 개선하는 것으로 한번에 문제를 해결할 수 있을 것이다. 그러나 측정하여 그 원인을 추적하여 개선하기까지는 대단히 어렵다. 1회의 측정만으로 알 수 없다. 민간업자에게 부탁하면 200만~400만 원은 족히 들 것이다.

한편, 보건소에서도 도쿄도 도시마 구의 보건소 표 3-2처럼 유료로 측정업무를 하는 경우는 많지 않으며, 바로 건축재의 원인을 확인할 정도의 측정은 불가능하다. 건축재와 실내의 각각의 부재를 조사하여 원인을 파고 들어가게 되면, 결국 일부 대학이나 전문 분석기관에 부탁하는 방법밖에 없는 것이다. 비용은 100~250만 원 정도일 것이다. 즉 측정을 하는 기관은 있지만, 그것은 "무엇에 기원하고 있는가?"까지 확실히 원인규명을 해주는 기관은 아직까지는 드물다.

최근 어느 민간의 측정기관이 나에게, 공공건물 측정 데이터를 지참하고 측정결과에 따른 원인 물질이 무엇이며, 도대체 어디서 발생하고 있는가에 대한 자문을 의뢰해왔다. "톨루엔, 크실렌이 홀 입구 부근에서 검출된다."는 것이다. 결론은 홀 입구의 카펫 시공을 행했을 때의 크리퍼 creeper공법에 이용한 합판 고무용제형 접착제인 톨루엔일 것이라고 대답했다. 실제로 그 현장을 보지 않고서는 알 수 없지만, 대략 측정하기 위해 앞에 서술했듯이 상당한 경험과 각 건축재료나 내장재, 가구, 집기류에서 발생할 가능성이 있는 물질의 데이터베이스를 스스로 갖고 있으면서 제2장에 나타낸 각 화학물질의 물리적, 화학적 성질을 이해할 수 있으면 이러한 물질에 대한 측정을 할 수 있다.

> "측정을 한다는 것은, 즉
> 측정분석결과에서 얻어진 물질이 어디에서 발생하고 있는 가를 확인하고,
> 개선하고자 하는 것이다."

일찍이 저자는 어느 대학의 사무실을 측정한 적이 있다. 수동식의 간이측정기지만 포름알데히드와 톨루엔이 검출되었다. 포름알데히드는 식기 선반과 책선반, 톨루엔은 앞에 서술한 카펫 아래의 합판고무용제형 접착제에서 기인한 것이다(시공부터 반년이 지나서도 아직 부드러움이 남아 있었다). 그 후 대학이 대대적으로 측정했지만 결과는 대략 나의 측정결과와 같았다. 그러나 내가 말한 환기구를 붙이는 등의 수정이 늦어져 그곳에서 근무하는 사무원이 무척 힘들어했다.

이처럼 측정을 통해 어디까지 원인을 추적할 수 있을지 생각해 보기 바란다. 신축의 경우는 조건이 많은 만큼 복잡하다. 리모델링 공사는 사용된 재료의 특성이 비교적 간단하게 되어 장소가 좁은 만큼 정보도 정확하고 상당히 빠른 시간에 원인을 규정할 수 있다.

표 3-1 실내공기 측정의 종류와 개요

측정법		기계 예	검지관 포집관	측정 시간	정도 등	비고1	비고2	평가
간이측정	수동식	Gastec GV100S (17만원)	포름알데히드 외 (1700원/개)	약 5~10분	개략적인 경향은 잡을 수 있다.	포름알데히드/아세트알데히드 · 톨루엔/크실렌의 구별 불가능	간단하지만 이해에 개인의 주관이 들어가 경험이 필요	△
	펌프식	Gastec GSP200 (100만원)	포름알데히드 외 (2500원/개)	30분	포름알데히드, 톨루엔은 대략 알 수 있다.	포름알데히드/아세트알데히드 · 톨루엔/크실렌의 구별 불가능	간단하지만 이해에 개인의 주관이 들어가 경험이 필요	△
	디지털식	JIMS 외 (100~300만원)	불필요	10~60초	고농도는 정확	포름알데히드 농도뿐	고농도 측정 후 일정시간 가질 것	△
Passive법		DSD-DNPH (2,4-dinitrophenylhydrazine)	5만~8만원	24 시간	포름알데히드/아세트알데히드	분석비 포함	사람이 없으면 좋지만 살고 있으면 생활가스를 거둬들이는 위험성 있음	○

	VOC-SD/TD	10만~18만원	24 시간	톨루엔 외 4~6물질뿐	분석비 포함.	사람이 없으면 좋지만 살고 있으면 생활가스를 거둬들이는 위험성 있음	○
Active법	정도는 상당히 좋다				분석비는 분석회사와 계약하면 싸게 된다.		◎
	자전Σ300 (100만원) 외	DNPH (2만 5000원)	30분	포름알데히드/아세트알데히드	분석비 약10~20만원	조작은 간단하지만'분석비가 비싸고 결과가 나오는 것이 느리다	
	자전Σ30 (100만원)	(16만원, 몇 번이나 사용한다)	30분	톨루엔 외 50이상	분석비 약 20~60만원/8개 물질	조작은 간단하지만 분석비가 비싸고 결과가 나오는 것이 느리다	
	Gastec GSP-2LFTAC (320만원)				1대로 포름알데히드/VOC 및 간이검지관의 3종류에 사용 가능	조작은 간단하지만 분석비가 비싸고 결과가 나오는 것이 느리다	

표 3-2 일본 도시마구 이케부쿠로 보건소의 유료 측정업무내용(2003년 4월 1일)

측정	측정시간	측정항목	1 검체 (천원)	동시에 2검체 이상(천원)
Passive법	24시간 수치	formaldehyde	42	20
Passive법	24시간 수치	formaldehyde, acetaldehyde	86	60
Passive법	24시간 수치	formaldehyde, acetaldehyde	220	–
Passive법	24시간 수치	toluene, xylene	53	23
Passive법	24시간 수치	toluene, xylene, ethyl benzene	127	60
Passive법	24시간 수지	paradichlorobenzene	50	25

이하에 각 측정방법에 대해서 서술하겠다. 각 측정방법에 대해서는 대표적인 것을 사진 3-1과 사진 3-2에 나타내었다.

2 간이측정법

간이측정법에는 수동식과 펌프식이 있다. 현재, 문부과학성은 펌프식의 간이측정법을 모니터로서 채택하도록 공문을 보냈다. 그 기종은 다음 5점이다.

① Gastec Corp.: 91P 및 91PL

② 이화학연구소 계기 : FP-30

③ 광명이화학(光明理化學) : 710

④ 新 코스모스 전기 : XP-308B

⑤ 주화분석(住化分析)센터 : TFBA-A

도쿄도 교육청은 2003년 11월 4일의 공문을 통해 각 학교에 간이측정기의 설치를 의무화했다. 포름알데히드 formaldehyde, 아세트알데히드 acetaldehyde, 톨루엔 toluene, 크실렌 xylene을 측정하는 것이다. 이것은 바람직한 일이다. 그러나 간이측정기에서는 포름알데히드와 아세트알데히드를 정확히 분리 측정할 수 없다. 어느 쪽이나 마찬가지로 핑크색이 나온다. 포름알데히드와 아세트알데히드의 구별을 하기 위해서는 Passive법이나 Active법을 사용해야 하는 것이다.

또 톨루엔의 검지관을 이용해도 톨루엔과 크실렌, 에틸벤젠 ethyl-benzene, 스티렌 styrene의 구별은 정확히 할 수 없다. 즉 톨루엔 이외의 가스가 간섭하는 것이다.

이러한 간이측정의 이점 · 결점을 확실히 인식하지 않으면 정확한 측정이 어렵다. 물론 간이측정기는 신속하고 저렴하여 현장에서의 대략적인 측정이 가능하므로 실내공기의 대략적인 측정을 위해서는 매우 편리한 기계이다. 그러나 검지관의 이해에는 경험이 필요하다. 즉 Active법에 의한 측정분석 데이터와의 상관성을 몸에 익혀서 검지관에 대한 이해능력을 길러두는 것이 중요하다.

덧붙여서, 저자가 경험했던 사례를 소개하겠다.

리모델링을 실시한 집을 수동식의 펌프와 가스텍 '91LL'이라는 검지관을 사용해서 포름알데히드를 측정했다. 측정결과 검지관에서는 처음으로 황색은 0.1ppm, 이어서 핑크색은 0.15ppm, 그리고 엷은 붉은 색이 0.4ppm의 수치를 나타내었다. 이것은 검지관에서의 측정이다. 그렇다면 여기에서 무엇을 이해할 수 있을 것인가? 최초에 나타난 황색은 톨루엔류이다. 그 다음의 핑크색은 포름알데히드이고, 엷은 붉은색은 아세트알데히드이다. 이 집에서는 폴리에스테르 합판재의 장롱에서 스티렌모노머 styrene monomer 냄새와 파티클보드에서 포름알데히드가 방산되고 있으며, 마루바닥재에 사용한 목재에 도장된 도료에서 아세트알데히드가 나오고 있다. 실내에 들어갔을 때, 무거운 악취는 리모넨 limonene과 피넨 pinene류에서 나오는 아세트알데히드일 것으로 추정된다.

측정 이후에 공인된 측정기관이 정밀측정을 했지만, 분석결과에서 확인된 것은 거의 아세트알데히드이었다. 아세트알데히드는 후생성의 기준인 48㎍/m³를 훨씬 넘고 있었다.

이처럼 간이측정기에 의한 검지관의 이해는 상당히 어렵다. 즉 검지관은 이해하는 사람의 주관에 의해 측정 데이터가 크게 좌우되기 때문이다. 이러한 표현은 문제가 될 소지가 있지만, 주택업자로부터 측정을 의뢰받으면 "포름알데히드 농도는 굉장히 적기 때문에 조금 환기되는 것만으로 좋을 것이다…." 라고 하며, 반대로 시공주에게 부탁받으면 "여기의 포름알데히드 농도는 상당히 높아서 국가의 규준치를 훨씬 넘고, 이와 같은 상황에서는 포름알데히드 농도가 저감될 때까지 2년 정도 걸립니다.…"라고 설명하는 것이 가능하게 된다. 즉 그만큼 간이측정기는 그 적용에 불확실성이 많다.

> '간이측정기에 의한 검지관 측정법은
> 측정한 사람의 주관에 의해서 크게 좌우되어 물질의 특정은 어렵다.'

조금 더 상세히 설명하고자 한다. 제2장의 표 2-6에서 알 수 있듯이 포름알데히드와 아세트알데히드의 화학구조식은 유사하다. 또, 톨루엔, 크실렌, 에틸벤젠, 스티렌도 상당히 유사한 화학구조식을 갖고 있다. 공업용 크실렌 중에는 에틸벤젠이 30%나 혼재하고 있다. 이렇듯 화학 구조적으로 유사한 물질을 정확히 분리 동정(identification)하기에는 간이측정법의 검지관으로는 불가능하다. 따라서 검지관에서는 알데히드류, 톨루엔류로 보고서에 기재하는 것이 적정할지도 모른다.

2002년 7월 15일의 후생성 새집문제검토회의 회의록에 "최근에는 포름알데히드가 줄어들고, 대용품으로서 아세트알데히드가 증가되는 추세이다."라는 기술이 있었지만, 이것은 간이측정법의 검지관에서 실내농도를 측정했을 때의 포름알데히드 농도와 아세트알데히드 농도의 구별이 정확히 되지 않기 때문은 아닐까라는 생각이 든다. 건축기준법 개정에 따라, 최근에는 종래의 나왕 lauan 합판에서 침엽수합판으로 바뀌고 있는 것이 아세트알데히드가 증가해온 큰 요인이라 하고 있다. 지금까지도 아세트알데히드는 포름알데히드의 검지관으로 측정은 되지만, 포름알데히드 농도가 높기 때문에 아세트알데히드는 포름알데히드에 포함되어 존재하고 있다고 생각할 수 있다.

분명히 포름알데히드 농도는 정부 각 부처의 노력으로 줄어들고 있다. 그러나 아세트알데히드를 포름알데히드의 대용품으로서 화학제품(도료, 접착제, 왁스 외)에 사용하는 경우는 없을 것이다. 한편, 천연계 도료 · 접착제에 사용되는 리모넨과 피넨류에서 아세트알데히드가 발생하는 것은 충분히 가능하다. 또한 천연목의 삼나무나 노송나무, 전나무 등 향기가 강한 천연목재에서는 자연발생적으로 상당히 고농도의 아세트알데히드가 나온다. 덧붙여서 아세트알데히드에서는 얼굴이나 목에 가려움증이 나오는 경우가 있다.

이처럼 간이측정법에 의지하는 것은 간편하고 저렴하지만 위험부담이 많은 것을 알아두어야 한다.

‘신축주택의 측정에서는 간이측정법이 하나의 대안이다.’

다음에 간이측정법에 있는 3개의 방식에 대해서 설명하겠다.

(1) 수동식 측정법 (사진 3-1)

이 기계는 본래, 화학공장이나 도료현장의 유기용제의 농도 측정용으로 고농도의 상태에서 사용되는 방식이다.

1) 장점

① 가격이 20만 원 전후로 저렴하다.

② 소형이기 때문에 운반하기 편리하고 전원이 필요 없으며 어디서든 측정이 가능하다.

③ 측정시간이 5~10분으로 짧고, 현장에서 결과를 알 수 있다.

④ 농도가 높을 때는 검지관방식도 적용이 가능하다.

⑤ Active법의 보조 측정방법으로서 편리하다.

⑥ 감지농도가 높은 것만큼 톨루엔류나 아세트알데히드류의 간섭 가스의 측정이 가능하다. (무엇보다 여기에 이르기까지는 상당한 경험이 필요하다.)

⑦ 검지관은 많은 종류를 잡을 수 있다.

2) 단점

① 낮은 농도에서는 정확성이 상당히 부족하다.

② 측정 결과에 대해서는 측정자의 주관이 개입되기 때문에 사람에 따라 수치가 다르다.

③ 포름알데히드와 톨루엔류에서는 낮은 농도의 검지관이 사용되고 있지 않다.

④ 수동식이기 때문에 노동력이 필요하다.

⑤ 저농도에서는 흡인횟수를 많게 해야 하며 측정에 대해서 경험이 필요하다.

그림 3-1에는 저자가 행하고 있는 검지관 방식에서의 측정순서를 나타내었다. 상당히 공들이고 있지만, 이러한 방법도 할 수 있다는 사례이다.

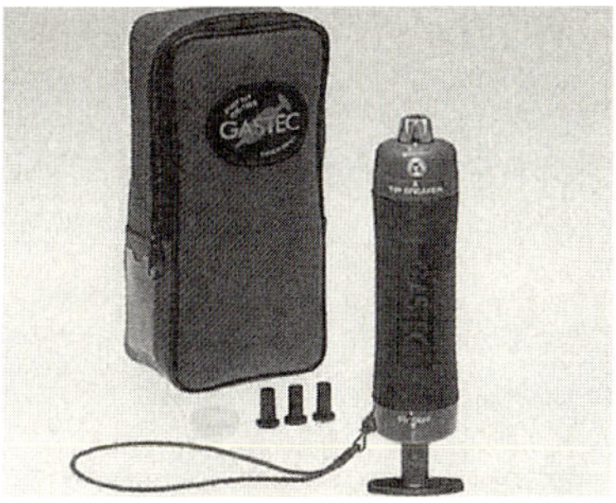

사진 3-1 간이측정법(포름알데히드류)

펌프(수동식) : Gastec GV100S

검지관 : 91LL (100ml/1.5분×5회)

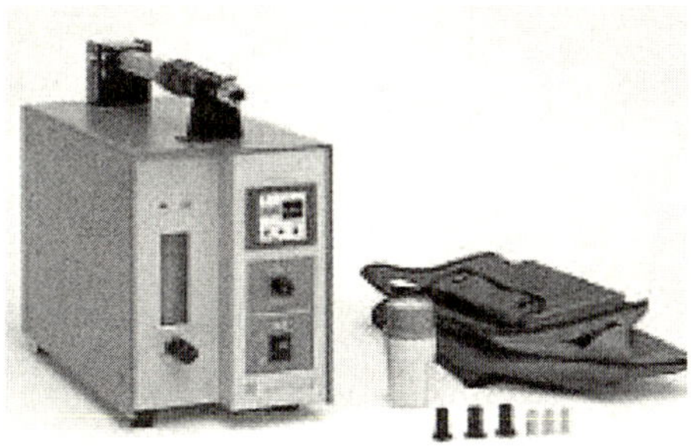

사진 3-2 간이측정법(톨루엔류)

펌프 : Gastec GSP20

검지관 : 122 (200ml/분×30분)

(2) 자동펌프식 (사진 3-2)

1) 장점

① 자동으로 흡인 측정하므로 인력이 필요하지 않고 동시에 여러 방을 측정할 수 있다.

② 포름알데히드의 검지관에서는 농도에 따라 저농도/고농도로 구분하여 사용이 가능하다.

③ 누구라도 기기를 세팅하여 측정할 수 있다.

④ 톨루엔류에서는 전 처리용 검지관이 있으며 어느 정도 정확성을 가지고 있다.

⑤ 현장에 새집증후군의 원인을 시간별로 측정할 수 있다.

⑥ 1개의 기계로 포름알데히드류와 톨루엔류의 측정이 가능하다.

실내공기측정의 실제 (1)

(간이측정기라도 가능) 가능하면 검지관식이 좋다.

30분 환기 → 5시간 밀폐 → 30분 시료채취

실내의 공기(120cm)를 측정

마루바닥재부의 공기를 측정 ➡ 마루바닥재를 측정

⬇

벽의 공기를 측정 ➡ 벽지를 측정(예비의 것도)

⬇

가구 부근의 공기를 측정 ➡ 가구의 바닥판 등을 측정

⬇

계단 위의 공기를 측정

⬇

2층 마루바닥재 아래(욕실 천장에서) 측정

실내공기측정의 실제 (2)

포름알데히드가 검출

⬇

다른 가스가 간섭한다.

⬇ 감도가 낮은 경우

톨루엔을 측정 ➡ 흡인횟수를 증가, 환산

⬇

크실렌을 측정 ➡ 흡인횟수를 증가, 환산

⬇

스티렌을 측정 ➡ 흡인횟수를 증가, 환산

⬇

p-다이클로로벤젠을 측정 ➡ 흡인횟수를 증가, 환산

그림 3-1 검지관 방식에서의 측정순서

2) 단점

① 전원이 필요하며 기계가 크고 무겁다(현재는 작은 것도 있다).

② 측정시간이 30분 정도 소요된다(Active법도 30분).

③ 포름알데히드에서는 저농도/고농도의 선별을 다시 해야 한다.

④ Active법이나 Passive법에 비해서 정밀도과 정확함은 떨어진다.

⑤ 검지관의 이해가 상당히 어렵다. 측정자의 주관에 의해 좌우된다.

⑥ 가격이 고가이다. 약 100만~300만 원이다.

특히 검지관에서 포름알데히드 이외의 간섭가스인 톨루엔류나 아세트알데히드를 추정할 수 있으면 가장 좋다(여기에 이르기까지는 Active법과 동시 측정하여 측정자의 개인적인 이해능력을 높일 만큼의 상당한 경험이 필요하다). 측정 양성실습에서는 항상 이러한 상황을 확실히 교육하고 있다. 이해의 포인트는

> '반드시 비어있는 미사용의 검지관을 하얀 종이 위에 옆으로 세워 두면, 색조의 변화를 잘 알 수 있다.'

이라는 것이다.

비용을 고려하지 않으면, Active법이 훨씬 정확하고 우수하다. Active법의 측정시간은 포름알데히드류, 톨루엔류 모두 간이측정법과 같은 30분이다. 간이측정법은 현장에서의 시간별로 측정한 결과를 목표로서 얻어지는 것으로 Active법과 겸용하는 것은 상당히 유용하며, 저자 또한 가능한 겸용하고 있다.

(3) 디지털방식

최근, 국내외로 디지털방식의 간이측정기가 개발되었고 널리 사용되고 있다. 이 방식을 저자도 사용해 봤는데 사용법에 따라서는 상당히 간편하지만 편리하다고 말할 수 있다. 그러나 디지털방식은 센서의 정밀도가 문제가 된

다. 일찍이 고가인 북유럽제 온도습도계를 사용한 적이 있다. 정밀도는 우수하지만 센서부분에 물방울이 붙거나 부식하거나 오염물질에 접촉하면 정확함이 결여되기 때문에 관리에 상당히 신경이 쓰인다. 따라서 항상 교환할 수 있는 예비용 센서를 갖고 있다. 이것과 마찬가지로 디지털방식의 검지기는 센서가 부식하거나 오염되거나 했을 때는 정확성이 결여된다. 또 포름알데히드 농도만은 측정할 수 있지만 거기에는 많은 간섭 가스가 있다. 이와 같이 디지털방식은 간편하지만, 장점과 단점을 이해한 후에 사용하는 것이 중요하다.

1) 장점

① 기기가 경량이고 측정시간이 짧다(10초~5분 정도).

② 각 부위의 포름알데히드 농도를 반복해서 측정할 수 있다.

③ 고농도의포름알데히드 농도에서 측정하게 되면 그 측정결과는 정확하다.

④ 전원이 필요 없다.

⑤ 측정비용은 거의 들지 않는다.

2) 단점

① 본체 가격이 300~400만 원으로 고가이다.

② 포름알데히드 농도가 높을 때는 정확하지만, 낮을 때는 신뢰성이 떨어진다.

③ 톨루엔 등 다른 가스의 간섭을 받기 쉽다.

④ 고농도의 포름알데히드를 측정한 후에 저농도를 측정하면 그 결과의 변동이 심하다. 사실 한 번 센서를 무엇인가로 처리하여 원상태로 하는 방법이 중요하다.

⑤ 공기의 채취량이 3~10㎖로 적고 이 수치로 방 전체의 측정수치로 하기에는 상당히 위험하다.

⑥ 센서가 고장 나더라도 측정자가 인식하기 어렵다(항상 정확하다고는 할 수 없다).

⑦ 측정수치가 다른 방법에 비해 약간 적게 나타난다.

⑧ 정기적으로 보정이 필요하다.

이상은 간이측정기에 대해서 서술했다.

최근은 약 100만 원으로 포름알데히드 농도를 비교적 정확하게 측정할 수 있는 디지털방식의 기계가 이화학연소계기('FP-30')에서 판매되고 있다. 이것은 측정시간도 5~30분으로 자유롭게 선택하는 것에서 사용법에 따라서는 능동법의 보조적인 측정방법으로 유효하다고 생각된다. 이것은 어디까지나 포름알데히드의 경우로 한정된다.

3 Passive법

Passive법은 측정하고자 하는 실내의 어느 장소에 설치하고 일정시간 경과 후에 이것을 실험실로 가져와서 화학분석을 행하는 것이다(사진 3-3). VOC류는 GC-MS(Gas liquid Chromatography/Mass Spectrometry)로 포름알데히드류는 액체 크로마토그래피 liquid chromatography로 성분 분석한다. 그 때문에 분석치는 상당히 정밀하다. 수동 샘플러는 VOC용과 포름알데히드용이 있다. 실내에 8~24시간 방치시켜 두는 것이 때문에 바람의 활동과 외부의 공기 질, 또는 거주자의 생활습관에 따라서도 측정수치가 상당히 달라진다. 이것에는 수동방식과 매다는 방식이 있다.

Passive법은 설치와 해체를 하기 때문에 반복적으로 두 번 현장에서 행하게 된다. 신축 아파트 등을 많이 측정하기에는 비용과 인력이 많이 들지 않고 단지, 2~3실만 측정하면 된다. 공동주택 일제 측정에는 오히려 시간과 인력이 들지 않아서 좋다고 생각된다.

앞에도 서술했지만, Passive법은 거주자의 생활에서 발생하는 각종 화학성분을 상당히 흡입하게 된다. 또 교통량이 많은 장소 근처의 집에서는 종종 외부의 유해물을 실내로 유입되는 경우도 있다. 또한, 수동 샘플러에도 매다는 방식이 있어 벽과 건축재에 붙여두어 후일 분석하는 것도 있다.

> 'Passive법은 능동적인 공기채취법보다 그 수치가 약간 작다.'

Passive법의 측정비용은 VOC에서 10만 원 정도, 알데히드 aldehyde류에서는 5만 원 정도로 Active법에 비하면 상당히 값이 저렴하다. 따라서 주택업자에게 권유할만하다. 또한 주택의 리모델링 전후에는 이 방식으로 측정하는 것은 효과적일 것이다. 그러나 Passive법은 Active법에서 얻어지는 수치에 비해서 전반적으로 작게 나오는 경우가 많아서 저자는 Passive법을 거의 행하지 않는다. 그것은 설치/횟수의 수고가 드는 것과 샘플러의 정밀도 문제와 저온을 유지한 수송, 기타의 복잡함 때문이다. 내가 측정을 부탁받았을 때는 상당히 문제가 있다고 생각되는 경우이기 때문에 참고의 목적으로 측정할 수는 없다. 주택에 따라서는 모든 방을 측정하고, 각 부위의 측정을 카트리지와 튜브를 이용해서 행하는 것이기 때문에 자동적으로 Active법이 된다.

사진 3-3 Passive법 (VOC류 · 알데히드류)

수동 샘플러의 선정은 스스로 사용하기 쉬운 것을 선택하는 것이 최선이지만, 제조사에 따라서는 흡착제가 흐르기 쉬운 구조와 흡착의 용이함 등 여러 가지 조건이 있다. 또한, 제조사에 따라서는 약간의 정밀도의 흔들림이 있기 때문에 주의가 필요하다. Superco사에서는 'VOC-TD'(가열탈착용)와 'DSD-DNPH'(포름알데히드용)이 있고, 분석회사의 것도 용의되고 있기 때문에 다양하게 검토하면 좋을 것이다. 각종 Passive법과 간이법 및 능동법의 비교 데이터를 표 3-3에 나타내었다.

단지 중요한 것은 자신의 측정에 관해서는 기기 제조사를 바꾸지 않는 것이다. 또한 분석기관의 문제도 있어 가격도 상당히 차이가 있다. 분석의 정확함은 역시 Active법보다는 잘 이루어지지 않는다. 학교 등의 측정에서는 Passive법이 좋다고 생각된다. 특히 중학교나 고등학교에서는 이과부나 화학부의 학생에게 실제로 측정을 진행시켜서 일정기간마다 발표하면 좋은 과학교육이 될 것이고, 좋은 데이터를 얻을 수 있다. 교육위원회나 학교가 이러한 교육을 받을 것을 권유한다. 중학생은 담배나 지독한 냄새의 화장품을 사용하고 있지 않기 때문에 측정 시에 측정자로 인하여 발생하는 화학성분이 적어서 안심이다.

표 3-3 측정비교 데이터

	간이측정방법	Passive법(badge식)	Passive법(포집관식)	Active법
포름알데히드	0.06ppm	0.03ppm	0.02ppm	0.05ppm
아세트알데히드		0.02ppm	0.02ppm	0.06ppm
톨루엔	< 0.01ppm	< 0.01ppm	< 0.01ppm	< 0.01ppm
크실렌		< 0.01ppm	0.01ppm	0.01ppm
에틸벤젠		< 0.01ppm	< 0.01ppm	< 0.01ppm
스티렌		< 0.01ppm	0.01ppm	0.01ppm

저자는 중학교 시절에 염록소의 유출과 분석을 화학 선생님에게 방과 후 혼자서 배운 것이나 초등학교 여름방학에 매일 백엽상의 온도·습도 측정을

했던 기억이 있다. 이런 경험이 40여 년이 지난 지금도 살아 있고 과학의 세계에 흥미를 갖는 계기도 되었다.

지금 실내의 측정을 부탁받으면 주말 등에 행하는 경우도 자주 있다. 중학교나 초등학교의 고학년에게 이러한 Passive법이나 검지관방식의 공기 질 측정을 가르치는 것으로 자신의 학교나 자택, 슈퍼마켓, 백화점의 공기 질에 주의하고 결국은 어른보다 환경문제에 진지하게 몰두할 수 있지 않을까 생각한다. 학교의 측정은 학생에게 진행하도록 하는 것이다. 보건소가 지도하면 가능할 것이다. 그러나 이러한 실내의 측정방법을 지도하는 기관이 없다. 저자는 때때로 NGO 단체나 주택 그룹에 부탁받아 실내의 공기질 측정방법 업무를 맡고 있다. 가까운 미래에 이러한 실내공기 측정을 위한 매뉴얼과 커리큘럼을 만들고 싶다. 독자 중에 이러한 실내공기질의 측정에 대해서 알고 싶으신 분은 주제넘지만 항상 지도해 주고 싶다.

4 Active법

Active법이라는 것은 소형 펌프를 사용해서 포름알데히드류나 VOC를 포집한 후에 분석기기를 이용해서 화학성분의 종류와 농도를 측정하는 것이다(사진 3-4, 3-5).

저자는 지난 2002년 8월부터는 거의 이러한 Active법으로 분석을 하고 있다. Active법을 사용하게 된 계기는 어느 학교의 신축교사에서 실내의 톨루엔을 측정하면서부터이다. 간이법을 행한 것이지만 학교인 만큼 정확하고 빠른 결과를 요구하였다. 그 당시 시간적 여유가 없어서 측정을 어느 대기업 분석업자에게 의뢰하였으나 이것 또한 여의치 않게 되어 소형 펌프와 Tenax-TA의 카트리지를 현장에서 받아 약 6개의 교실을 2점 측정하였다. 이렇게 저자의 Active 측정은 시작되었다. 분석비용은 조금 비싸지만, 상당히 정확하게 분석 수치를 얻을 수 있던 것에서 자신을 갖게 되었고, 이후로는 반드시 이

Active법으로 VOC류와 포름알데히드류의 측정을 실시하고 있다.

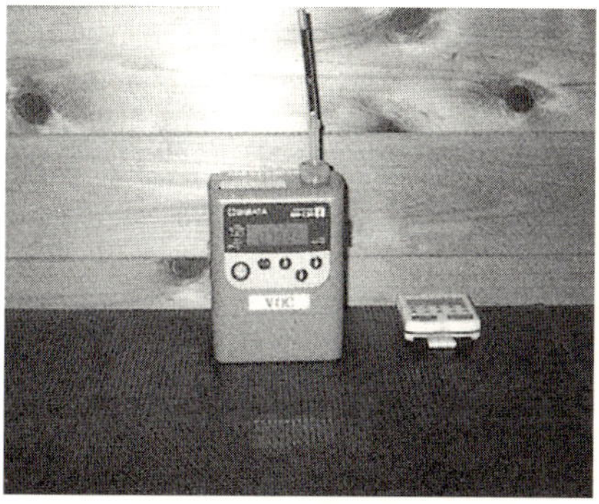

사진 3-4 Active법(VOC류)

펌프 : 시전 Σ30 (0.1 L/min×30분)

포집관 : Tenax-TA (Superco Carbon)

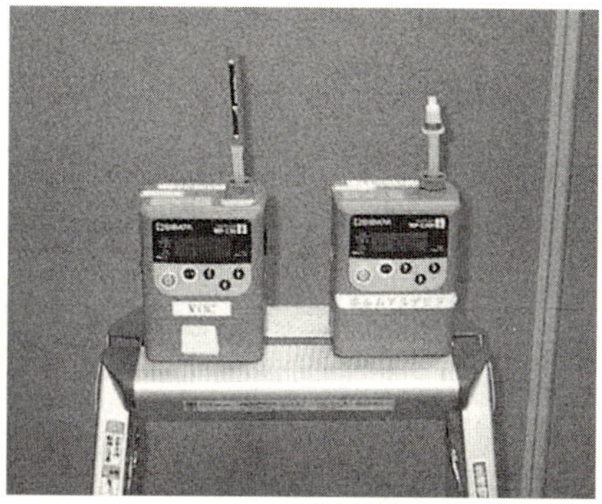

사진 3-5 Active법

(VOC류 · 알데히드류)

실내측정

앞에서 언급한 이 학교에서는 한 측정업체에서 측정을 행했지만 톨루엔이 2,000~3,000μg/m^3 검출되었고 이에 우리에게 재측정을 의뢰하였다. 시료채취는 직접 행했지만, 분석은 모 분석회사에게 모두 의뢰했다. VOC는 가열 탈착식이었는데 측정결과는 80~600μg/m^{3}이었다. 일부 환기가 나쁜 방에서는 톨루엔 수치는 조금 높은 방도 있었지만, 앞서 측정된 수치와는 상당히 차이가 있었다. 이 차이는 사용한 포집 카트리지와 분석방법의 차이에 기인한 것일 것이다. 이때의 경험으로 인해 자사의 제품에 관계한 새집증후군 문제에서는 가능한 실내공기질의 측정 데이터는 우리들이 직접 측정하는 것으로 취하고 있다. 그것은 단지 표준화된 측정방법에 따라서 방의 한가운데에서 취하는 것만이 아니라 그 방의 구조 등을 보고 측정장소를 결정하고 있다. 그것은 통로 1회 측정뿐만 아니라 개인의 후각을 이용해서 측정하는 방의 구조나 창의 위치관계, 사용된 재료의 부위 등 모든 조건을 고려하여 의심이 되는 몇 개의 장소(예를 들면 벽이나 천장, 마루바닥재 등은 실리콘 튜브와 스테인리스 카트리지를 사용한다)도 측정한다. 이렇게 각 부위의 측정을 행해 두면, 실내의 측정결과와 대조하는 것에 의해 원인이 어디에 있는 것인가를 상당히 정확하게 파고 들어갈 수 있다. 새집증후군이라 불리는 것에는 반드시 원인이 되는 물질이 있다. 최근에는 마루바닥재 사이를 시트를 덮고 가온(가습)하여 벽의 도공재에서 방산되는 포름알데히드, VOC를 측정하고 있다.

또한, 사용하고 있는 VOC측정용 카트리지(Tenax-TA)는 가열탈착용이다. 용매탈착방식도 있지만, 고비점용제 등을 검출하는 것을 고려하면 가열탈착용 포집 카트리지가 우수하다. 이 포집 카트리지에는 유리제와 스테인리스제가 있다. 독일의 WKI(Brauchenschweig : 국립목재연구소)에서는 스테인리스 카트리지가 넓게 사용되고 있다. 이 카트리지는 개당 16만 원 정도 이지만, 반영구적으로 계속적으로 처리하여 재사용할 수 있다. 포집된 카트리지를 수송할 때는 활성탄을 넣은 비닐팩에 밀봉하여 수송해야 한다.

현재 분석물질은 VOC 50개 종류와 포름알데히드, 아세트알데히드 2종류를 합쳐서 총 52가지 물질과 TVOC를 동정하고 있다. 여기에서 TVOC를 어떻게 정의하고 구할지는 논의 중에 있고, 금후 JIS A1900시리즈에서 결정될 것이다. 일단 C_6~C_{16}의 물질의 합계라 생각하는 것이 좋다. 또 포름알데히드도 정확하게 검출된다. 이를 위해 사용되는 DNPH 카트리지는 불안정해서 취급에 주의를 요한다. 유효기간은 냉동보존에서도 3개월 미만이다. 수송 시에는 보냉제를 이용해서 냉장택배를 사용한다. 측정을 위한 이동시에는 냉동박스에 넣어서 이동한다. 측정자가 헤비 스모커 Heavy smoker면 곤란하고, 구취인 알데히드류나 헤어 리퀴드 hair liquid류의 성분은 제거되어야 한다.

능동방식으로는 후생노동성의 13가지 물자에 리스트 업 되어 있는 방의제인 클로로피리포스 chlorpyrifos나 목재 방부제 디아지논 diazinon, Fenobucarb 외, 다다미의 방충제나 소독제인 펜티온 fenthion이나 스미치온 sumithion, 페니트로치온 fenitrothion 등의 유기인계화합물 측정도 포집 분석할 수 있다. 어느 집에서는 마루바닥재 아래의 흙과 다다미 안쪽의 유기인계 화합물을 측정하고 있다. 표 3-4에 Active법에 의한 측정물질과 측정조건을 나타내었다. 포집 카트리지는 'ORBO-49P'를 사용해서 2시간 포집하고 이를 분석한다. 포집에는 2~3시간이 필요하다. 분석비용도 50~80만 원 정도 들지만 필요에 따라서 측정하고 있다(사진 3-6).

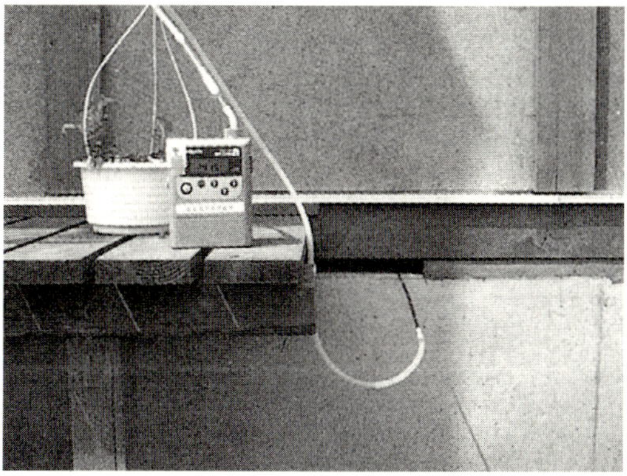

사진 3-6 유기인계(chlorpyrifos류)

펌프기계 : Σ300 2.0L/min×120분
보집관 : Surerco ORBO-49P

표 3-4 Active법에 의한 측정물질과 측정조건

물질	카트리지	측정시간	보수량	보수량
VOC	Teanx-TA	30분	0.1L	3.0
포름알데히드류	DNPH	30분	1.0L	30.0
유기인계 유기염소계	ORBO-49P	120분	2.0L	240L

기타 프탈산에스테르계 가소제의 측정도 있지만, 이것들은 비점이 360℃ 이상이고, 포집에도 시간이 필요할 뿐만 아니라 의학적인 증상이 거의 없으므로 새집증후군의 원인으로서 취급되지 않는다. 가까운 사이에 후생노동성은 DOP, DBP 등의 측정 매뉴얼을 발간할 것이다.

측정 시의 기입 예를 표 3-5에 나타내었다. 또 분석결과의 예를 표 3-6에 나타내었다.

이 같은 Active법에 의한 측정에서 중요한 것은 펌프의 선정이다. 저자는 가끔 Sibata사의 소형 펌프로 VOC는 'Σ30'을 사용하고, 포름알데히드류 · 유기인계 화합물에는 'Σ300'을 사용하고 있다. 모두 100만 원 정도이다.

표 3-5 실내공기 측정결과

장소	사이타마시 오미야구 A댁	
일시	2003년 3월 13일	
시간	0 : 30	
날씨	맑음	
측정자	이노우에 마사오	
입회자		
측정기	SIBATA 미니펌프Σ30/Σ300	
보수관	VOC : Tenax-TA carton SpelcoPerkin-Elmmer	가열탈착용 카트리지
흡인조건	흡인량 : 0.1L/min, 시간 30분(전량 약 3.0L) 포름알데히드 : 1.0L/min, 시간 30분(전량 약30.0L)	
측정방법	① : 일본식 방 그대로 ② : 침실은 환기선 운전대로	

정밀하게 측정하기 위해 펌프에 의한 능동식 샘플러를 행한다.
후생노동성 지침 수치 : 톨루엔 260㎍/m³(0.07ppm)

NO	측정 장소	카트리지 NO	흡인량 (L)	펌프	온도(℃) 습도(%)	분석물질 (㎍/m³)		
TENAX						톨루엔	크실렌	스티렌
1	일본식 방(120cm)	T04410	2.92	A	19/31	97	25	50
2	계단 위(120cm)	Y29183	2.99	B	24/29	120	35	25
3	리빙(120cm)	Y29170	3.32	A	24/29	89	89	30
4	리빙 벽면 (로트 사용 조인트부)	Y28232	3.21	B	26/30 26/30	120	55	27
5	침실 120cm	Y20176	3	A		97	60	25
DNPH	포름알데히드					포름알데히드	아세트알데히드	
1	일본식 방(120cm)	W2281L1	29.9	C	19/31	98	25	
2	계단 위(120cm)	W2281L1	29.2	C	24/29	55	62	
3	리빙(120cm)	W2281L1	30.1	C	26/30	69	30	

이 외에 GL 학문의 'dual'은 한 대로 2곳을 동시에 측정할 수 있고, 또 가스텍 '2LFT'는 한대로 간이측정 · VOC · 포름알데히드류 측정을 모두 할 수 있다. 한 대로 모두 측정할 수 있기에 매우 편리하다. 그러나 가격이 300만 원 정도라는 것과 무거운 것이 단점이다. 또한 고가이며 전원이 필요하다. 또한 실제 측정에서는 다수의 펌프가 없으면 시간이 적지 않게 소유되므로 100만 원 정도의 소형 펌프를 3~4대 갖는 편이 좋다고 생각된다. 모든 펌프가 가능하지만, 큰 것은 반송에 어렵고 학교처럼 한 번에 많은 방을 측정하기 위해서는 소형이라도 펌프가 다수인 것이 편리하다.

예를 들어 간이측정법의 'GSP-30' (Gastec제, 120만 원)을 추천한다.

펌프에서 중요한 것은 보수량의 적산량 표시 유무이다. 나아가 카트리지에 의해서 약간 흡인량이 변하기 때문에 흡인 시에 부하를 자동적으로 세밀히 조정하는 시스템을 갖고 있으면 보다 유리하다. 최근에는 이러한 부하를 조정할 수 있는 고가의 펌프도 개발되고 있다. 또 전원은 가능하면 AC 코드식이 좋지만, 장소에 따라서는 전원을 얻지 못하는 장소도 있기 때문에 AC/전지의 양방식이 좋을 것이다.

표 3-6 측정결과 예

(단위 : μg/m³)

족 별	항 목	일본식 방	서양식 방	거실
지방족 탄화수소류	n-hexane	19.8	44.6	12.8
	2,4-dimethyl benzene	< 0.5	< 0.5	< 0.5
	isooctane	< 0.5	0.9	0.6
	heptane	1.7	3.4	2.3
	octane	< 0.5	< 0.5	< 0.5
	nonan	6.1	17.3	9.8
	decane	18.9	54.7	22.5
	undecane	11.5	25.0	14.8
	dodecane	6.3	7.7	19.2
	tridecane	1.7	5.0	28.1
	tetradecane	< 0.5	2.0	6.8
	pentadecane	< 0.5	< 0.5	< 0.5
	hexadecane	0.6	< 0.5	< 0.5
방향족 탄화수소류	benzene	1.4	1.8	2.4

	toluene	33.7	43.8	56.5
	ethyl benzene	23.4	76.4	26.5
	xylene	25.9	75.7	32.6
	styrene	2.5	2.4	1.3
	m-ethyl toluene	4.4	28.5	11.2
	p-ethyl toluene	2.5	6.3	7.2
	1,3,5-trimethyl benzene	3.0	18.7	8.6
	o-ethyl toluene	2.6	13.5	6.6
	1,2,4-trimethyl benzene	12.9	62.6	31.8
	1,2,3-trimethyl benzene	1.7	11.5	5.4
	1,2,4,5-tetramethyl benzene	< 0.5	3.8	0.9
테르펜류	α -pinene	20.9	186	29.7
	β -pinene	< 0.5	6.4	1.4
	D-limonene	47.5	29.5	11.5
할로겐류	dichloromethan	28.1	20.2	17.2
	chloroform	< 0.5	< 0.5	< 0.5
	1,1,1-trichloroethane	< 0.5	< 0.5	< 0.5
	1,2-dichloroethane	< 0.5	< 0.5	< 0.5
	사염화탄소	< 0.5	< 0.5	< 0.5
	tricholoroethylene	0.6	1.0	1.2
	1,2-dichloropropane	< 0.5	< 0.5	< 0.5
	bromodichloromethan	< 0.5	< 0.5	< 0.5
	debromochloromethan	< 0.5	< 0.5	< 0.5
	tetrachloroethylene	< 0.5	<0.5	< 0.5
	p-dichlorobenzene	1.5	2.4	2.5
에스테르류	ethyl acetate	20.3	20.5	93.5
	butyl acetate	20.0	39.0	92.3
알데히드 · 케톤류	acetone	49.4	83.7	39.9
	methyl ethyl ketone	11.5	77.4	17.9
	methyl isobutyl ketone	2.3	54.4	1.5
	nonal	16.9	16.6	24.0
	decanol	4.0	5.1	6.8
알코올류	ethanol	24.1	45.2	52.4
기타	isopropyl alcohol	19.7	8.5	5.1
	1-propanol	< 0.5	< 0.5	< 0.5
	1-butanol	4.0	48.8	186
TVOC		696	2170	1190
알데히드류(HPLC)	formaldehyde	-	-	33.8
	acetaldehyde	-	-	23.2

측정수법으로서는 후생노동성의 측정 매뉴얼이 있다. 그림 3-2에 Active법을 그림 3-3에 Passive법을 나타내었다. 이 측정 매뉴얼을 정리하면 표 3-7처럼 된다.

● **표준적인 측정방법에 의한 경우**

① 30분간 환기

↓ [주택의 모든 창, 모든 문(옥내의 문과 붙박이 가구, 벽장 등의 수납부분의 문을 포함한다)을 개방]

② 5시간 밀폐

↓ [옥외에 접하는 창과 문을 밀폐(옥내의 문과 붙박이 가구, 벽장 등의 수납부분의 문은 개방한 채)]

③ 30분간 측정

- 측정횟수는 2회
- 오후 2~3시를 측정시간의 중앙으로 해서 개시시각 · 종료시각을 설정
- 측정의 순서를 그림으로 나타내면 다음과 같이 된다.

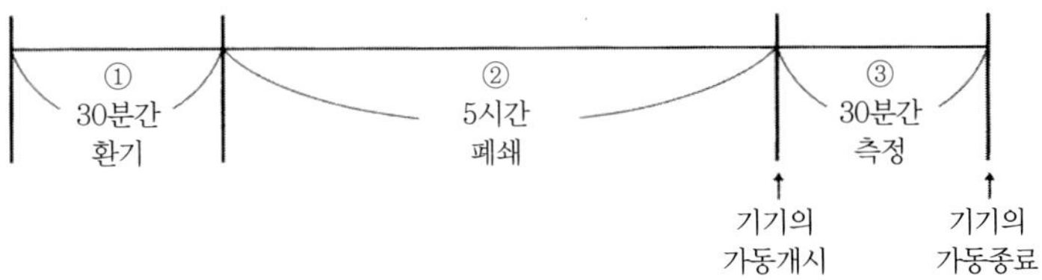

(주) 24시간 환기시스템(24시간 연속운전을 해서 주택 전체의 환기를 행하는 시스템)이 있는 경우에는 ②의 폐쇄 중도 ③의 측정 중도 시스템의 가동(부엌의 레인지 팬과 화장실의 환기팬처럼 상시 가동할 수 없는 환기설비에 대해서는 정지)

↓

④ 측정결과의 농도 분석

↓

⑤ 성능표시

④의 분석결과를 표시

그림 3-2 측정 매뉴얼 (국토교통성 자료)

● **Passive형 시료채취기를 사용하는 경우**

① 30분간 환기
↓ [주택의 모든 창, 모든 문(옥내의 문과 붙박이 가구, 벽장 등의 수납부분의 문을 포함한다)을 개방]
② 5시간 밀폐
↓ [옥외에 접하는 창과 문을 밀폐(옥내의 문과 붙박이 가구, 벽장 등의 수납부분의 문은 개방한 채)]
③ 8~24시간 측정(일부의 기기는 2시간)

- 측정횟수는 1회로 복수회의 측정은 불필요
- 24시간 측정의 경우 → 시간대는 임의
- 8~24시간 측정의 경우 → 오후 2~3시를 측정시간의 중앙으로 해서 개시시각 · 종료시각을 설정

(예) 8시간의 측정의 경우 10 : 30~18 : 30으로 측정(14 : 30~을 중앙으로 한다)

- 측정의 순서를 그림으로 나타내면 다음처럼 된다.

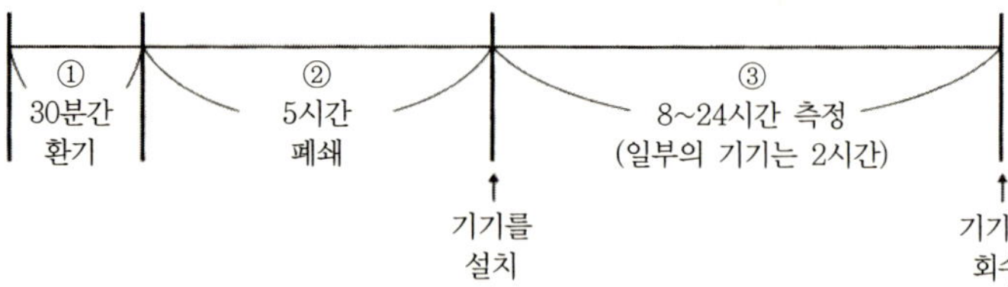

(주) 24시간 환기시스템(24시간 연속운전을 해서 주택 전체의 환기를 행하는 시스템)이 있는 경우에는 ②의 밀폐 중도 ③의 측정 중도 시스템을 가동(부엌의 레인지 팬과 화장실의 환기팬처럼 상시가동 할 수 없는 환기설비에 대해서는 정지)

↓

④ 측정결과의 농도 분석

- 개개의 채취기기마다 정해진 기관에서 분석

↓

⑤ 성능표시
④의 분석결과를 표시

그림 3-3 측정 매뉴얼 (국토교통성 자료)

이 방법은 능동, 수동, 간이법과 함께 마찬가지지만, 수동 샘플러는 방의 한가운데의 마루바닥재 위 1m의 위치에 매단다. 측정을 위해서는 다양한 소도구가 필요하다. 내가 사용하고 있는 것을 표 3-8에 나타내었다.

따라서 실내의 공기를 측정하면 좋지만, 앞에도 서술했듯이 Active법은 시간과 비용이 드는 것에서 자동 펌프식이나 수동식의 간이측정법과 함께 사용하여 예비 측정용으로 사용하는 것도 중요하다. 이것에 따라서 자신의 측정능력이 Active법의 데이터와의 정확도를 확립할 수 있다. 그 점에 있어서 간이측정법도 사용법에 따라서는 매우 싸고 편리하다. 오히려 간이측정법에서 자신의 직감을 활용해야 한다. 그리고 측정한 집의 내장재나 마무리의 상세는 표 3-9에 나타낸 표에 기입하는 것이 필요하다.

표 3-7 측정 매뉴얼의 정리

1	방을 30분간(집기 · 가구 서랍도 연다)	
2	방을 5시간 이상 닫는다.	환기 시스템은 가동
3	측정(방의 한가운데 120cm의 높이 2점 측정이 좋다)	온도, 습도를 기입한다.
4	각 30분 공기포집	카트리지의 로트와 포집량을 기입한다.
5	카트리지를 소정의 기기에 담아 분석해 낸다.	온도 보충하며 바로 잡는다.

표 3-8 측정을 위한 작은 물건

온도계(디지털)	금속관 10~15cm	칼
습도계(디지털)	크기	인덱스
스톱워치(3~4개)	디지털 카메라	쿨러 박스
실리콘 튜브	끈	활성탄 마스크
스테인리스 로트(stainless lot)	비닐타이	폴리에스테르 봉투
유리관 15cm	수동 홀더(1개)	검 테이프

표 3-9 측정기록 시트 (건축물 정보)

년 월 일(기입일) 기록자명 ________________

동행자명 ________________

정리번호		주소 소재지 (TEL)		
(1) 건물종별	1. 호 건물 2. 집합 3. 기타		건물 방향	
(2) 구조	1. 재래목조 2.2×4 3. 목질 prefab 4. 철근블록 5.RC 6. 기타 ( )			
(3) 단수	호건(단층집, 층 건물)	집합(층 건물의 층) 위치지도		
(4) 규모	1층 면적 m²	2층 면적 m²	3층 면적 m²	
			연면적 m²	
(5) 축 연수	준공 연월일	인도 연월일		
(6) 리모델링 상황	유 · 무 (유의 경우, 시기 및 내용)			
(7) 환기상황	상시 환기시스템 유 · 무	환기횟수 /H		
	1. 제1종환기 2. 제2종환기 3. 제3종환기 4. 제4종환기 5. 불명료( )			
(8) 거주상황	1. 미거주 2. 이전입거 3. 거주중 (기간)			
(9) 문	개방한 것을 기록			
(10) 수납	비치한 수납과 상황을 기록			
(11) 가구구입 상황	1. 3개월 이내에 구입 2. 3개월 이내 구입 없음 (구입시기와 내용 :)			
(12) 기밀성능	주택의 사양서 · 성능평가에서 기록 (불명도 기재)			
(13) 방의처리	유 · 무 (유의 경우 시공업자와 내용–약제명 기입)			
(14) 건축재 정보	거실	침실	부엌	기타 방
마루재 마루바닥재면적				
마루재 표면재				
마루재 접착제				
마루재 바탕재				
벽재 벽면적				
벽재 표면재				
벽재 접착제				
벽재 바탕재				
천장 천장면적				
천장 표면재				
천장 접착제				
천장 바탕재				
실내 벽 아래 · 바깥 툇마루바닥재				
부엌면재				
(15) 기타				

5 측정위치

(1) 실내공기

Active법으로 실내공기를 측정하는 위치는 기본적으로는 방의 한가운데의 120cm 높이로 되어 있지만, 방에 따라서는 창이 없고, 공기가 체류하기 쉬운 곳이 있다. 또한 가구 뒤나 책상 아래 등, 공기의 흐름은 방에 따라서 다르다. 리모델링 등 방 수가 적을 때에는 이러한 공기가 체류하는 곳의 공기 질을 측정하는 것도 중요하다.

Active법으로 예산의 여유가 있으면, 가능한 방구석이나 책상 아래 등 공기가 고이는 곳을 측정하면 보다 많은 정보를 얻을 수 있다.

한편, 2층 건물의 집에서는 계단 아래 주변이 공기가 고이게 된다. 공기는 온도가 높은 2층으로 흐르기 때문에 포름알데히드나 톨루엔 등의 악취는 계단의 위나 계단 도중에는 반드시 체류하고 있다. 특히 계단부나 기둥 사이부에 창문이 없는 경우는 이러한 경향이 한층 강하다. 측정할 때에는 예비조사를 하고 어느 방 · 장소의 공기가 수상한지를 자신의 코로 확인하는 것이 중요하다.

저자는 전부터 후각을 살리고 이러한 방의 공기를 조사하고 있다. 문제가 있는 집은 1시간 정도 실내에 있으면 반드시 무언가의 악취를 느끼지만, 그때 어떤 악취도 느끼지 않는 사람은 실내측정을 할 수가 없다. 측정을 하기 위해서는 다양한 악취에 민감하게 되는 것이다. 정말 각종 물질의 악취 샘플집이 판매되고 있으면 좋겠지만, 안타깝게도 시판품은 없이 저자인 내가 스스로 후생노동성 제시의 물질을 포함해서 각종 VOC를 모으고 있다. 이러한 물질은 강연이나 주택 제조사의 연수 등에서 실제로 악취체험을 해서 악취에 민감해지도록 하고 있다.

이러한 물질은 액체인 경우엔 여름 운송 중에 증기압이 올라가서, 뚜껑이 열리거나 넘치거나 하는 경우가 있었기 때문에 지금은 100cc 정도의 병에 탈지면을 넣고 거기에 충분히 스며들게 해서 사용하고 있다.

(2) 실내 부위 · 각종 건축자재의 측정

실재 측정에서 중요한 것은 실내공기와 함께 어디서부터 그 악취가 나오는 것인지를 확인하는 것이다. 이것에 대해서는 이미 저자의 기존 저서에도 있지만 실제로 벽, 마루바닥재, 천장을 생각해 볼 필요가 있다.

1) 마루바닥재

마루바닥재에는 다다미, 목질바닥, 쿠션 바닥, 리놀륨, 염화비닐필름 시트, 카펫류 등이 있다. 이러한 재료의 시공에는 접착제가 사용되고 있는 경우가 많다. 따라서 목질바닥에서는 판자의 연결부를 커터나 송곳 등으로 빈틈을 만들어서 직경 60~90mm 정도의 로트를 사용해서 측정하는 것으로 부재 및 사용한 접착제 등의 VOC를 조사할 수 있다. 이것은 유독 Active법에 한하지 않고 간이측정법에서도 이처럼 조사할 수 있다. 또 카펫류나 긴 필름 시트류에서는 표면을 로트로, 안쪽 면은 얇은 금속관을 빈틈에서 꽂아서 측정하면 좋을 것이다. 이것은 다다미의 경우도 같은 방식으로 공기 질을 측정하면 좋을 것이다. 사전에 카펫을 폴리에스테르 봉투에 넣어 두어 여기에서 포집하는 방법도 있다.

최근 공동주택에서 냄새로 인한 불평이 있어 마루바닥재 아래의 공기를 취했다. 조금 바닥을 벗겨서 거기에 금속관을 넣어 측정하자 상당히 높은 톨루엔류와 VOC류가 검출됐다. 어느 대학의 사무실에서도 이러한 방법으로 카펫 아래의 톨루엔류를 간이측정법으로 검출했다.

마루바닥재 아래의 측정은 흰개미구충제인 클로로피리포스 등의 유기인계 화합물이 있는 만큼 직접 안에 들어가서 측정할 경우 상당히 위험하다. 따라서 사진 3-7처럼 로트를 사용해서 측정한다. 사진에서는 직경 90mm의 스테인리스 로트를 사용해서 부엌 마루바닥재 아래 수납부의 토양에서의 유기인 화합물의 측정을 하고 있다.

로트를 사용해서 일정시간 포집하는 것에 의해서 이 마루바닥재 아래의 토양면에서의 VOC(이번은 유기인 화합물)의 단위시간 · 면적당 방산속도 데이

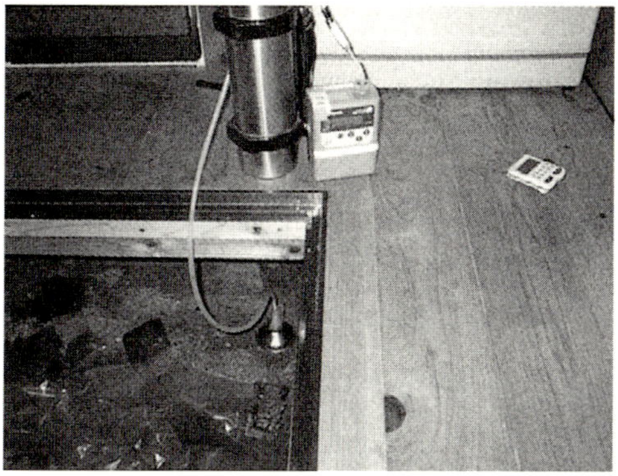

사진 3-7 유기인계(chlorpyrifos류)
펌프 기기: Σ300 2.0L/min×120분
보집관 : Surerco ORBO-49

터(㎍/m² · h)를 얻을 수 있다.

2) 벽

벽도 마루바닥재처럼 목질이라면 로트를 사용해서 연결부를 측정한다. 또한 비닐클로스에서는 로트를 사용하거나 시트의 연결부를 가는 금속관을 넣어서 측정한다. 특히 벽에서는 스위치 박스 부분의 벽지를 조금 벗겨서 거기에 가는 금속관을 집어넣어서 채취하는 것도 중요하다.

어느 사무소에서는 리모델링 공사로 벽 전면에 3mm의 화장 보드를 합성고무 용제형 접착제로 시공한 것에서 대량의 VOC가 체류했다. 그래서 보드의 연결부를 로트에 의해서 VOC를 측정하는 것과 함께 실내의 한가운데에 고이기 쉬운 곳의 공기를 수개월에 걸쳐서 측정했다. 이 경우에서는 사용한 재료와 시공장소를 알고 있었지만, 방의 공기와 시공부의 공기차를 확인해 두기 위해 이러한 직접측정방법을 사용하였다.

3) 천장

천장은 벽처럼 직접 로트를 천장면에 설치해서 실리콘 튜브를 사용해서 측정하였다. 또 필요에 따라서 천장의 크로스에 자국을 넣어 거기에 가는 금속관을 넣어서 공기질을 측정한다.

사진 3-8은 천장판에 송곳으로 구멍을 내어, 거기에 로트를 설치해서 천장판과 지붕 사이에 사용된 roofing 종이에서 VOC를 측정하였다. 이렇게 채집된 천장과 실내의 공기를 측정한다. 그것과는 달리 같은 용도로 사용되고 있는 roofing 종이 단독의 VOC 데이터(이것은 roofing 종이를 500㎖ 정도 유리병에 3일 정도 넣어 두어, 그 후 Tenax-TA로 VOC를 측정한다)의 3점을 비교한다. 이와 같은 방법으로 실내의 톨루엔류 농도가 높아진 요인을 천장의 roofing 종이일 것이라고 추정할 수 있었다.

4) FLEC 방식

현장에서 건축재료에서의 VOC류의 측정은 앞에 서술했듯이 로트나 금속관과 실리콘 튜브를 이용하는 것을 측정할 수 있다. 그러나 보다 정확히 측정하기에는 덴마크의 Peter Wollcot 박사에 의해서 15년 전에 개발된 FLEC(Field and Laboratory Emission Cell)이 있다. 이 기계는 5000만 원 정도이지만, 재료 면에 원반을 딱 밀어붙여서 한편에서 건조가스를 일정량 · 일정시간 흐르게 한 뒤에 VOC는 Tenax-TA 카트리지로 알데히드류는 DNPH의 카트리지로 포집한다. 이것을 분석에 걸쳐서 화학성분과 그 방산속도(농도)를 검출하는 것이다 (사진 3-9).

이 방식을 조금 변형한 소형 재료 표면 측정기기가 국산품으로서(생략) ADTECH(주) (요코하마)에서 고안되고 있다. 양산되는 날도 가까울 것이다.

이처럼 FLEC를 이용한 재료 표면에서의 측정은 최근 화제가 되고 있는 새 학교의 현장에서도 상당히 사용되고 있다. FLEC는 대학이나 측정기관 및 대기업 주택 제조사에서도 갖추고 있어 상당히 현장에서의 재료측정에도 사용되고 있는 것이다.

현장재료에서의 측정은 다양한 방법에서 가능하지만, 가구 등은 어떻게 측정하는 것일까를 다음에 서술한다.

사진 3-8 로트를 사용해서 천장의 VOC를 측정

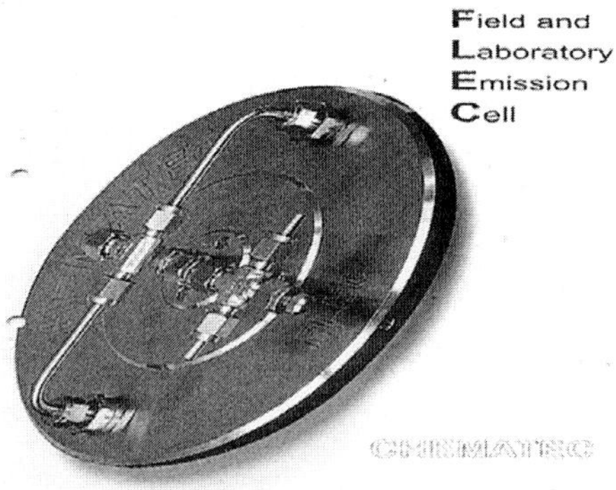

사진 3-9재료에서 측정하는 FLEC

6 가구 · 집기의 VOC 측정

가구나 집기는 기본적으로 각 제조사에서 가구류에서의 VOC 등의 방산속도 데이터를 채취해서 제품에 첨부하는 것이 필요하다. 그러나 가구처럼 큰 것을 측정하는 것은 상당한 비용을 요하는데다가 현재 가구 1대를 챔버에 넣어서 측정할 수 있을 정도의 대형챔버의 사용을 상담한 적이 있다. 피아노 1대를 일정기간 측정하는데 4000만 원~5000만 원이라고도 할 정도의 비용이 든다고 한다. 그것은 매회의 시험 후에 챔버 내의 VOC류를 가열처리하는 등의 비용이 필요하기 때문이다.

독일에서는 가구의 VOC류는 RAL이라는 규격이 있어, 이것에 따라서 VOC레벨이 라벨링되어 있다. 현재, 일본에서는 VOC의 측정표준화위원회의 대형챔버 위원회에서 측정방법을 ISO 1600에 준해서 JIS화의 작업이 급속도로 진행되고 있다. 1~2년 후에는 JIS가 공시될 예정이다. 이러한 대형챔버법에서 가구류를 측정하면 표면적도 계산되어 정확하게 방산속도를 구할 수 있다. 그러나 현재에 새집증후군에서 문제가 있는 집 조사에서는 이러한 대형챔버를 사용하는 것은 불가능하다.

저자는 예전부터 이러한 가구류나 벽장의 선반을 3중으로 한 폴리에스테르 봉투에 넣어서 이것을 3일 정도 20~25℃의 실내(사무실이나 자택)에서 방치 양생한 후, 수동식의 간이측정기를 이용해서 포름알데히드나 톨루엔 그리고 폴리에스테르합판에서의 스티렌 등을 측정해 왔다. 이러한 간이측정에서도 대략 VOC의 방산물질의 경향은 파악할 수 있다. 이 경험을 살려서 최근, 가구회사에서 실제 가구 5점에 대해서 VOC류와 포름알데히드류를 Active법으로 측정하였다.

미리 3일간, 폴리에스테르 봉투로 가구 전체나 일부 서랍만을 쌓아서 사진 3-10에 나타냈듯이 실리콘 튜브와 로트를 이용해서 측정하고 분석을 행했다. 중요한 것은 blank로서 폴리에스테르 봉투만큼의 VOC류와 포름알데히드류도 측정해 두는 것이다. 이 가구회사는 매년 독일의 가구 전시회에 전시출품하고 있기 때문에 기본적으로 독일의 RAL에서 측정해서 결과를 얻는 것이 좋지만, 비용이 적지 않기에 이번의 방식을 공업시험센터와 공동으로 수행하였다. 제조에서 5년, 3년, 반년, 3개월, 1개월의 5종류의 가구를 측정했지만, 포름알데히드류는 표면 화장판에서 조금 높은 수치를 나타내었다. 이 때, 동시에 간이측정법도 변용해서 포름알데히드 농도를 측정하였다.

같은 방법에 의해 어느 집의 목조 문을 측정했지만(건축 후 6개월) 역시 포름알데히드 농도가 높았다. 목재 문 겉판의 화장은 포르말린 formalin 가교형의 접착제로 접착하고 있다고 생각된다.

최근, 어느 신축병원에서 각 병실에 넣은 가구, 집기류 7점을 미리 폴리에스테르 봉투에 넣어서 3일간 어느 방에 방치한 후, Active법에 의해 금속관과 실리콘 튜브를 이용해서 측정하였다. 이 측정에서는 알데히드류 2종류와 VOC의 50 종류의 물질을 분석하고 있다. 이러한 가구의 분석결과를 기초로 해서, 어느 회사의 가구 · 집기가 가장 안전한가를 평가하는 것도 중요하다. 이 같은 치밀한 사전조사로 Active법에서는 정확한 측정이 가능하다. 사진 3-11에는 그 하나의 예를 나타내었다(Passive법에서도 가능하지만, 공기의

흐름이 없으면 수치가 낮게 나올 가능성이 있다). 라커

그래서 가구 하나로도 대략의 VOC나 포름알데히드류의 농도는 측정할 수 있다. 저자는 이 수법을 FLEC의 시스템을 알기 이전부터 간이 측정법으로 사용하고 있었다. 2003년 여름에 시내의 중학교 리모델링공사 후, 공사를 청부 맡은 지인의 건축회사에서 교실의 측정을 의뢰받았다. 그때 교실 측정은 벽판이나 도장부의 로트를 사용해서 교실에 설치된 학생의 용품을 두는 선반류는 2~3개의 박스를 폴리에스테르 봉투에서 2시간 정도 덮은 후, 금속관을 넣어 VOC와 포름알데히드를 측정하였다. 또 목재의 로커는 문의 빈틈에서 금속관을 넣어 포름알데히드를 측정하였다.

이상으로 현장에서의 가구류나 건축재의 측정방법을 나타내었다. 이 같은 치밀한 측정을 행하는 것에 의해서 불행하게 각종 측정물질의 측정농도가 국가의 기준치를 넘는 경우라도 신속히 대책을 세울 수 있을 것이다.

사진 3-10 가구에서의 측정

사진 3-11 Active법(포름알데히드류)
펌프 : Gastech Corp. GSP 2LFT
검지관 : DNPH (1.0L/분×30분)

7 각종 건축재료의 측정방법

지금까지 현장에서의 측정을 중심으로 서술해 왔지만, 각종 건축재료의

VOC류의 측정방법에 대해서 서술하겠다.

이번 건축기준법 개정 매뉴얼에서도 이 재료검증의 방법이 서술되어 있다. 기본적으로는 각 재료의 방산속도를 20L의 스테인리스제의 소형챔버를 이용해서 측정하는 것이지만, VOC, 포름알데히드류의 측정분석을 자기비용으로 하기 때문에 전부 갖추면 3억 원 이상의 비용이 든다. 이것에서 목질건축재나 도료 등은 이 방법보다 JIS, JAS로 결정된 데시케이터법을 이용해서 포름알데히드만을 측정하고 있다. 이 방법은 합판검사회가 옛날부터 각종 목질 건축재의 포름알데히드 등급 구분을 위해 채용하고 있는 방법이다. 그 이유는 이번의 건축기준법 개정은 약 1년으로 모든 건축재료의 포름알데히드 등급을 검토한 것으로 시간적인 제약과 고가 소형챔버의 국내 보급이 아직까지는 미비하다고 보여진다. 건축기준법 개정에 관해서는 후의 장에서 서술하겠다. 각 건축재의 측정에 대한 상세는 각각의 JIS나 JAS를 볼 것을 권유한다. 데시케이터법은 간단하다. 일정의 시험편을 데시케이터 속에 23℃로 24시간 방치한다. 그리고 재료에서 방산한 포름알데히드는 아래에 둔 300㎖의 정제수에 녹아들어가 그 물을 화학처리하고 분석기기를 이용하여 농도를 측정한다. 1회의 측정은 10만 원 정도의 싼 가격으로 정밀도도 좋은 것으로, 이번 건축기준법 개정에는 이 방법이 상당한 건축재에 도입됐다. 데시케이터법에서는 포름알데히드 농도를 mg/L(물에 녹아들어 간 포름알데히드의 양)로 나타내고 있다. 그러나 데시케이터법이 수치와 챔버법의 수치에는 약간의 차이가 있다.

한편 소형챔버 시스템은 일본에서는 'ADPA'라는 명칭으로 ADTECH사에서 판매되고 있다. 이 챔버법은 30년 전에 독일 WKI에서 기본수법이 고안되어, 그 후 북유럽을 중심으로서 유럽으로 광범위하게 도입되고 있다. 이 챔버법은 ENV 13419(ISO 1600시리즈로서)지금은 세계 각국에서 채용되고 있다. 접착은 ENV 13999가 있다.

이번 건축기준법 개정에서 소형챔버법에 의해서 포름알데히드의 방산속도(μg/m^2 · h)로 등급분류를 행하고 있다. 소형챔버법의 시험방법은 소형챔버의 측정방법-JIS A1901의 해설서(일본규격협회)를 참고하기 바란다.

소형챔버의 사진과 개요를 각각 사진 3-12와 그림 3-4에 나타내었다. 그

장치는 20L의 챔버 속에 15×15cm 대 시험편(때로는 실 박스에 설치)을 세로로 설치해서 아래부터 조정가스를 0.5회 환기/시간(2시간에 20L의 공기를 흘린다)이 되도록 상시 흘린다. 24시간 후, 3일, 7일, 14일, 30일…, 3개월, 6개월마다 챔버 내의 공기를 VOC는 Tenax-TA로 포름알데히드류는 DNPH를 이용해서 포집(약 30분간)해서 분석을 행한다.

사진 3-12 소형챔버법(ADPAC)

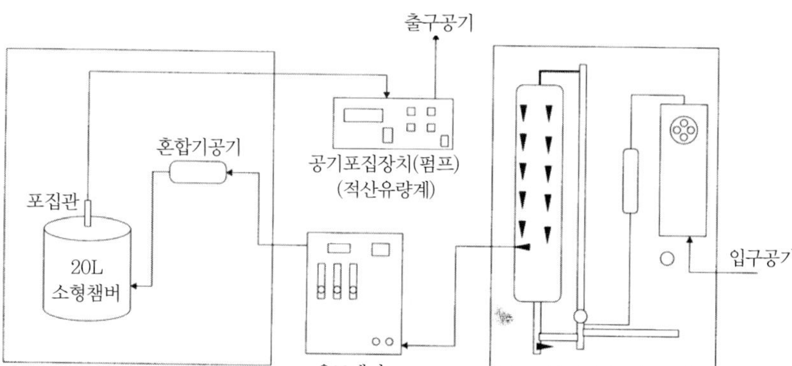

그림 3-4 소형챔버 시험법의 개략

챔버법에서는 28℃, 50%이고 데시케이터의 23℃에 비해서 상당히 엄격한 측정조건이 JIS A1901로 결정됐다. 만약 이 방법으로 목질 건축재를 측정하면 건축기준법 개정에서 말하는 F☆☆☆☆로 규정된 < 5㎍/m² · h에 합격하지 않은 것도 있을 수 있다.

이 방법은 다음 기기들을 필요로 한다. 앞에도 서술했지만, 이것만을 갖추기에는 3억 원 이상의 비용을 필요로 하는 것과 함께 측정분석에는 경험도 필요하다.

- 20L 스테인리스 소형챔버 1세트 (2대)와 컨트롤시스템
- 챔버 2개를 넣는 항온조
- 항온조 (28℃)를 설치하기 위한 23℃의 방
- 시험 후의 소형챔버를 위한 260℃로 건조오븐
- 건조공기를 발생시키기 위한 장치
- VOC의 분석기기 (GC-MS)
- VOC 카트리지 분석을 위한 가열탈착장치
- 알데히드류의 분석기기 (액체 크로마토그래피)

소형챔버에 의한 건축재에서의 VOC류의 분석은 다이야 분석센터, 카네카텍 리서치, 일본도료검사소, Matsushita(松下)전공, 대일본인쇄, 주택분석센터 등의 민간에서도 행해 준다. 비용은 24시간 후의 포름알데히드류로 6~700,000원/건, VOC를 7일째에 측정하면 120만 원~150만 원 정도 든다. 일본건축시험센터, 일본합판검사협회도 시험은 할 수 있다. 국가기관 연구소나 동경대학, 와세다대학교, 시즈오카대학교를 비롯해서 몇 개의 대학이 연구목적으로 이 장치를 갖고 있지만 안타깝게 그 부분이 관동 방면이다, 그러나 민간에서 대기업 주택 제조사나 접착제 제조사, 벽장재료 제조사를 비롯해 상당한 기업이 투자해서 소형챔버를 도입하고 있다.

독일 GEV (마루바닥재용 제품의 측정 레이팅 기관)에서는 1997년부터 마루바닥재용 접착제나 마루바닥재를 20L 챔버에서 측정해서 TVOC로 레벨링하고 있다. 측정 온도는 23℃이다. 포름알데히드는 24시간 후 다른 VOC는 10일 후 측정하고 있다. 그래서 얻어진 TVOC의 양에 따라서 EC1~EC3으로

분류해서 제품에 마크가 기재되고 있다. 이미 일본에서 이 같은 EC1 마크가 붙은 제품이 마루바닥재용에 사용되고 있다. 덧붙이면 10일간의 측정비용은 약 1,800,000원/건이다, 해외의 동향에 대해서는 후의 장에서 상세히 서술하겠다. 또 GEV와 이본의 대기업 분석회사의 데이터는 대개 유사하다. 상세하게는 제6장을 참조하길 바란다.

독일의 WKI(국립목재연구소)에서는 1m³의 유리나 스테인리스 챔버가 다수 있고, 이것으로 건축부재의 VOC류를 측정한다. 측정 후는 80℃ 정도의 열풍을 24시간 보내서 챔버의 처리를 하고 있었다. 또 여기에는 대형챔버도 다수 보유하고 있다. 건축재나 주택의 연구자는 한번 WKI를 방문할 것을 권유한다. 하노버에서 아웃토반으로 베를린 쪽으로 40km 정도 간 마을의 교외에 연구소가 있다.

소형챔버법은 분명히 고가이지만, 포름알데히드, 알데히드를 비롯해 톨루엔이나 스티렌 등의 VOC류를 100종류나 측정할 수 있다. 일본에서는 VOC류는 주로 6~8종류 정도 분석되고 있다. 보다 소형으로 싼 가격인 측정방법이 있으면 좋겠지만, 일부에서는 이것에 유사한 수법이 검토되고 있다. 그러나 ISO 16000이나 금후 JIS 1900/1901/1902의 제정에 의해서 이 같은 챔버법이 가장 정확히 물질에서 방산 데이터를 얻을 수 있는 방법이라 말할 수 있을 것이다. 미래 소형챔버도 5~10L의 간편한 것이 검토될 것 같다.

예를 들면, 재료나 실내측정 때문에 포집관이나 카트리지 대신에 고성능 센서를 이용해서 그곳에서 10~20분 동안 50개 화학물질의 측정이 가능한 1,500만 원 정도의 소형 크로마토그래피 chromatography가 개발되면, 보다 간단하고 저렴하게 단시간으로 실내측정도 가능하게 된다. 그렇게 되면 백화점이나 슈퍼마켓의 각 바닥의 VOC 데이터가 온도나 습도처럼 일정시간마다 표시 가능하게 되어 화학물질과민증이나 새집증후군의 환자가 안심하고 들어갈 수 있을 것이다. 현재, 이러한 측정기가 개발 중이라고 들었다.

향후, 포름알데히드류나 VOC뿐만 아니라 보다 독성이 높은 유기인산 에스테르 ester류나 유기염소계 물질이 전차나 병원 등의 현장에 싸게 측정할 수 있는 기기가 있으면 대단할 것이라고 생각한다.

또, 소형의 분석기기로서 저자는 이전 대학에서 헤드스페서법(유리 1.3L 용적에서 공기채취와 분석이 연동하고 있는 시스템)을 이용해서 VOC의 방산 속도를 시험했다. 그러나 이러한 장치도 3억 원 정도 든다.

한 예로서 앞에 서술했듯이 2L 정도 스테인리스 용기를 개량해서 시료부하계수를 2.2~0.4로 조정하여 25~50℃의 실온 아래에서 활성탄을 통한 보통의 공기를 유량계로 정상 시 흐른 환기횟수를 0.5로 해서 일정 일수마다 실내의 측정법에 준해서 VOC류와 알데히드류를 카트리지나 DNPH로 포집해서 분석하는 방법도 생각할 수 있다.

이처럼 측정 하나를 취해 보더라도 상당히 어려운 것이 있지만, 여러분도 스스로 실제로 기기를 사용해서 측정해 보길 바란다. 친한 친구가 말하길 "너는 측정해서 다양한 것이 검출되면 약간 기쁜 듯한 얼굴을 하고 있어"라는 것이다. 그리고 현장의 측정이나 VOC측정법의 표준화(JIS화)를 위해 소형챔버법의 시험을 행하는 것으로 다양한 것을 알 수 있다.

측정에서 보람이 있는 것은 역시, 현장측정으로 자신의 추정과 측정결과 및 원인의 부재와 물질이 일치했을 때이다. 여기까지 오면 리모델링 방법도 비교적 빨리 발견된다. 스스로 재료검사를 하기에는 10×15cm 시료(접착제는 스테인리스판에 도포)를 5L의 챔버에 넣어서 1~2일 후에 악취가 나거나 Active법으로 측정한다.

리모델링에서는 시공 전후에 측정을 하는 것이다. 또 최근에는 공장이나 요리점에서 공기질 오염을 고민하는 사람의 상담의뢰도 있지만, 이 같은 경우 자택의 공기와 배출구의 공기를 채취하거나 입자상의 물질이라면 여과지에 입자상 물질을 흡착시켜서 아세톤 등으로 추출한 후, 적외선 분광광도계를 이용해서 분석을 하는 것으로 성분이 판명된다. 그리고 간단한 측정분석은 보건소 등이 보다 적극적으로 행해주기를 간청하고 있다.

향후 ISO 16000/17025/18000이 나올 것이다. 따라서 실내나 직장의 공기질 측정의 전문가를 빨리 양성할 필요가 있다. 현재는 악취측정사라는 제도가 있지만, 새집증후군에서의 물질은 초과밀 물질인 만큼 확실한 커리큘럼과 측정의 실습을 포함한 양성강좌를 바라고 있다.

04

새집증후군의 사례

여기에서는 새집증후군의 사례를 나타내었다.

표 4-1은 신축공사에 있는 새집증후군의 사례이다. 표 4-2는 리모델링 공사에 있는 새집증후군의 사례이다. 표 4-3은 새 학교의 사례이다.

여기에 나타낸 사례는 저자가 다양한 경험 중에서 직접적 또는 간접적으로 연관되었던 것, 보수를 했던 것이나, 시공주 또는 시공업자가 일하면서 상담을 했던 것 중에서 선택하여 서술하였다. 신축 사례에 대해서는 다양한 사례가 있다. 그 중의 일부는 1998년에 출판한 저자의 저서('새집증후군의 경이')에 나타내고 있다.

그러나 예전의 사례의 일부는 조사에서 예상되었던 것보다도 훨씬 좋지 않은 방향으로 향하거나 가족 전원의 건강이 악화되어 있는 사람도 있다. 이처럼 새집증후군의 공포는 실제로 스스로 체험해 보지 않으면 알 수 없는 것이다. 저자는 건축가나 토목 관련 업체 사람들의 연수에서는 항상 "집에 들어가 보고 스스로 악취 체험을 하라"고 말하고 있다.

어느 주택회사의 설계 담당자는 이에 대하여 매우 열성적이다. 어느 날 신축물건을 함께 볼 기회가 있어 나의 간절한 부탁으로 24시간 환기시스템을 멈추었다. 그리고 멋진 실내를 봤을 때에 뭔가 신경 쓰이는 악취를 느꼈다. 그 사이 설계 담당자 스스로 "이제 냄새가 지독하니 밖에 나갑시다…"라 말하였다. 그래서 이에 대하여 저자는 "죄송합니다만, 이 집은 당신이 설계하여 건축된 것입니다."라고 말했다.

여기에서 중요한 것은 주택에는 환기보다도 우선 안전한 재료라고 말하고 싶다. 이번 24시간 환기시스템이 있다 하더라도 역시 건축재료로 안전한 것을 사용하는 것이 기본이다. 훌륭하게 디자인된 집이라도 거기에서 사용되고 있는 건축재료가 안전한 것이 아닐 경우 거주하는 사람에게 문제가 발생하는 것이다.

최근 느낀 것이지만, 때때로 백화점 등의 판매장을 걸으면, 특히 화장품류의 판매장의 냄새가 매우 신경 쓰인다. 이것이 예전부터였을까? 아니면, 최근 특히 냄새가 강한 것일까? 하는 것은 스스로도 확실한 것이 아니지만, 옛날과 달리 판매장의 환기가 나쁜 것도 하나의 원인이라 말할 수 있을 것이다. 이러한 판매장은 새집증후군이나 화학물질과민증 환자에 있어서 주의가 필요한 위험한 장소인 것이다.

다음 표에 이에 대한 사례를 상세히 설명하였다.

표 4-1 새집증후군의 사례(신축)

건물	증상	원인	그 후의 상황
단독주택	머리가 아프고 신경계가 아프다. 복통도 있음.	벽 · 마루바닥재 등에 대한 합판의 포름알데히드 마루바닥재 밑의 흰개미구충제(chlorpyrifos)	벽지는 바꿨지만 보드는 그대로 리모델링 5년 아직껏 상태 나쁘다.
아파트	집에 들어가면 상태가 나쁘고 살 수가 없다.	포름알데히드와 랩핑시트의 톨루엔류	재구입
단독주택	머리가 아프고 신경계 아프다. 피부가 가렵다.	벽 · 마루바닥재 등 합판의 포름알데히드 가구류의 포름알데히드(0.20ppm)	1년간 포름알데히드측정업자도 협력해서 좋아졌다.
단독주택	머리가 무겁고 신경계 아프다.	현관의 침목의 크레오소트유	건물주와 설계자의 책임
단독주택	머리가 아프고 신경계 아프다. 피부가 가렵다.	벽 바탕 합판 · 마루바닥재(FL)의 포름알데히드	일부개장
단독주택	머리가 아프고 신경계 아프다. 피부가 가렵다. 아이도 중상	벽 크로스와의 톨루엔과 바닥재의 포름알데히드	옮김
아파트 모델룸	머리와 눈이 아프다. 피부에 습진	바닥의 포름알데히드와 부엌이나 신발장의 폴리에스테르 합판의 스티렌	15년 경과된 것이어서 보수를 포기했다.
모델 하우스	머리와 눈이 아프고 심한 악취	신발장과 칸막이 문의 폴리에스테르합판의 스티렌	폴리에스테르합판은 모두 제거했다.
단독주택	악취가 난다	벽 · 마루바닥재 등 합판의 포름알데히드 (0.20ppm) 랩핑문의 톨루엔류	인도하기 전에 강제 환기
단독주택	악취가 난다. 머리가 아프다	벽의 규조토에서 방부제와 부탄올	의논으로 마무리
아파트	집에 들어가면 상태가 나쁘고 살 수가 없다.	누수가 심해서 에폭시계 접착제 경화하지 않음 마루바닥재의 포름알데히드	업자가 일시 호텔 대출하고 전면적으로 보수함 배수공사의 실수
단독주택	악취가 난다. 머리가 아프다.	톨루엔계 용제접착제로 바닥재 시공	FL 다시 함

단독주택	악취가 난다. 머리가 아프다. 지금도 살 수 없다.	마루바닥재에서와 벽지용 접착제의 포름알데히드	지속적으로 의논
병원	눈이 아프다. 천식, 두통(직원)	도장의 VOC, 수납장의 포름알데히드	흡착도료로 해결
아파트	가려움, 천식, 두통	각종 선반의 포름알데히드와 스티렌	흡착도료에 의한 리모델링
단독주택	머리가 아프다.	시스템부엌 선반의 포름알데히드 외	바꿈
단독주택	실내에서 각종 악취가 난다.	부엌·철부의 도장, 내장목부의 천연계 도료에서의 아세트알데히드	부엌폐기, 목부 재도장
단독주택	집에서는 상태가 나쁘다.	다다미에 사용한 유기인과 문의 포름알데히드	지속적으로 의논
아파트	피부가 가렵다.	건축재에서의 포름알데히드	의논으로 마무리

표 4-2 새집증후군의 사례(리모델링공사)

건물	증상	원인	그 후 상황
아파트	방에 있으면 머리가 무겁다.	사용한 천연도료의 VOC	환기팬을 3개 설치
단독주택	머리가 무겁고 피곤하다.	마루바닥재 아래의 흰개미구충제	마루바닥재 공사를 지시
아파트	눈이 아프고 시력저하.	벽지 등의 포름알데히드	다시 벽지를 바꿨지만 아직 상태가 나쁘다.
단독주택	머리가 아프고 몸이 무겁다.	마루바닥재 아래에 사용한 흰개미구충제의 유기인 물질	상태가 나쁘다. 본격적인 개장에 이르지 않는다.
아파트	천식	겨울의 도장과 벽을 벗긴 먼지	여러 해 고양이에 의한 천식 증상이 있음. 옮김
단독주택	입에 있으면 상태가 나쁘다.	이웃집의 외벽도장의 VOC침입	가까운 곳으로 이사
아파트	머리가 아프고 신경계 아프다. 피부가 가렵다.	마루바닥재의 소독이나 살균에 사용한 약제	집주인과 의논하여 방 바꿈
단독주택	악취가 난다. 머리가 아프다. 살 수 없다.	누수에 의한 흰개미 대책으로 마루바닥재 아래 도포의 크레오소트류	의논으로 마무리
아파트	악취가 난다. 머리가	코르크타일을 쌓아올리는 고무용	시공사를 교체함.

개장	아프다.	제계 접착제의 VOC	
스포츠점 개장	몸 전체에 습진 발생	쿠션 floor(CF)를 쌓아올릴 때의 접착제중의 고비점용제가 남아있었다.	지인의 업자가 중재에 들어가 CF를 전면에 바꿨다.
아파트	입주자가 괴로움	고무 용제형 접착제를 사용	무용제형 접착제로 바꿈
낡은 집 한 채	서양식 방이 냄새	FL과 벽 · 천장의 합판에서의 포름알데히드	탈취장치 · 환기
아파트 사무실	방에 오래 있으면 다리가 가렵다.	융단처리의 포름알데히드와 일부 시공의 톨루엔(접착제)	탈취장치 · 환기
아파트	머리가 아파진다	폴리에스테르합판의 스티렌	강제 환기
아파트	천식기미, 머리가 아프다. 열 있음.	내장재에서의 포름알데히드	일시 피난
아파트	가려움, 천식, 두통	CZ의 폴리에스테르 판에서의 스티렌과 바닥재의 포름알데히드	전면 바꿈
아파트	가려움, 천식	도료의 VOC, 마루바닥재 FL의 합판의 포름알데히드	포름알데히드 흡착 시트와 환기
아파트	2,3일 머리가 무거워진다.	이웃집의 단열재 시공용 접착재의 VOC	환기 후 사과
사무실	용제의 냄새가 강하다.	보드를 붙인 용제계 접착제의 VOC	1개월간의 환기와 시트 설치
단독주택	눈이나 머리가 무겁다.	CF아래의 합판 F2 사용 (포름알데히드)	마루바닥재 합판을 전면적으로 바꿈
아파트	집에 있으면 머리가 아프다. 가족 입원	마루바닥재 아래의 아스팔트방수지가 원인	마루바닥재를 전면적으로 바꿈

표 4-3 새집증후군의 사례(학교 관계)

건물	증상	원인	그 후의 상황
학교	머리가 아프고 신경계 아프다. 피부가 가렵다.	마루바닥재 바탕 패널 합판의 포름알데히드	여름방학에 마루바닥재 콘크리트 패널을 모두 바꿈.
학교	눈이 아프다, 천식, 두통	가구류의 포름알데히드 카펫 시공의 접착제 톨루엔	환기설비
학교	교실 · 식당의 톨루엔 기준 오버	FL을 붙인 접착제에서의 톨루엔	강제환기

학교	아동에게 건강장해	FL을 붙인 접착제에서의 톨루엔류	전면 바꿈
유치원	방이 냄새나서 보모가 들어가지 않는다.	바닥에 사용한 접착제의 용제	환기만
유치원	직원 건강장해로 노동자 재해	코르크 타일을 붙인 접착제에서의 톨루엔	바꿈
학교	리모델링 후에 학생이 건강장해	세면장이나 교실에 사용한 수성 도료의 톨루엔류	1년간 미사용
유치원	유치원의 창고에서 냄새가 난다.	벽 합판에 F2 사용 (포름알데히드)	흡착도료로 도장

1 신축주택

사례 1

어느 경치 좋은 언덕 위에 지어진 멋진 집 한 채가 있다. 사용한 접착제가 원인일 수 있다는 집주인으로부터의 클레임이 있다는 업체의 요구에 의해 여름의 더운 날에 조사하기로 했다.

단층집 한 채의 A씨 댁은 안전한 재료만으로 지어져 있고 실내의 내장에는 합판류는 전혀 없고 소위 천연목재판으로 내장을 하였다. "안전한 집을 만들고 싶다"라는 부탁에도 불구하고 건축 후 3개월 지났지만, 실내의 악취가 강해서 살 수가 없다. 이로 인하여 일시적이지만 가까운 아파트에서 살고 있다. 특히 목욕탕 주변이 냄새나서 참을 수 없다는 것이다.

당일 업체와 함께 가서 사용자가 올 때까지 밖에서 기다리기로 했다. 기다리고 있는 사이에 집 주위를 돌기 시작했을 때, 특히 집의 안쪽(정확히 세간 두는 곳 주변)에서 매우 강한 콜타르 coal tar의 악취가 느껴지기 시작했다. 시공업체의 의견에 의하면 사용자의 요청으로 콜타르계의 방부제 처리한 것을 현관의 계단과 문 기둥 및 부엌 입구의 계단에 사용한 것으로 파악되었다. 또 옥외의 벽은 모두 안전한 자연계 도료를 도포하고 실내의 천연목재판에도 자연계 도료를 도포했다는 것이다.

당일 저자는 수동식 간이측정기를 지참해서 몇 개 방의 포름알데히드 formaldehyde 농도를 측정했다. 실내온도는 28℃임에도 불구하고 0.12~0.15ppm의 실내농도와 별로 높지 않고 검지관에는 포름알데히드 이외의 물질로서 엷은 붉은 색의 아세트알데히드 acetaldehyde가 검출됐다. 그리고 검지관의 끝부분에는 황색이 조금 보였다. 이것이 이 집의 콜타르계 물질인 것일까?

가족들이 안쪽의 실내에 있을 경우 머리가 매우 무거워지는 원인은 겉에 사용된 낡은 침목의 콜타르가 현관 입구에서 복도를 통해서 욕실의 부분에 들어가 있는 것으로 추정된다. 욕실에는 환기팬이 없고 창도 높은 위치에 작은 것이 있을 뿐이다. 마침 당일 모든 방은 덧문이 닫혀 있었기 때문에 각 방에는 약간 아세트알데히드의 악취가 나고 있었다.

그 날은 어느 실내공기측정회사가 와서 팜테크 방식이라는 시약을 이용해서 각 방의 포름알데히드 농도를 측정했지만, 대부분 포름알데히드는 검출되지 않았다. 이 측정방법은 그 후 조사에서 약간 문제가 있다고 알려졌다.

업체의 이야기로는 이 낡은 침목을 가공하고 있을 때, 목수 자신이 악취가 강해서 참을 수 없었다고 한다. 이번의 악취의 원인은 업체 측 책임이 아니고 사용자가 선택한 것이어서 주인에게 설명하고 업체와 함께 철수했다.

최근 낡은 침목이 좋다고 어딘가의 책에서도 쓰여 있는 것일까?, 때때로 이러한 집을 발견하고 두려움을 느끼고 있다.

지금도 약간 문제가 있는 듯해서 사용자로부터 다시 조사 의뢰가 있었지만 원인 물질을 알고 있는 만큼 향후 어떻게 리모델링 할까는 사용자의 판단에 달려 있다. 이처럼 사용자가 선택을 잘 못한 경우도 있기 때문에 스스로 확실히 무엇이 안전한지를 보는 눈을 갖기 바란다.

사례 2

관동지역의 어느 도시에 지어진 물건의 사례를 나타내었다.

사용자 B씨는 저자가 앞에 썼던 책을 읽고 "이거다!"라고 생각하고 연락을 해줬다. 동경에서 만나서 이야기를 듣고 그 후 몇 번인가 전화로 주고받고서 상황에 대해서 확인하였다.

몇 번인가 실제로 집을 보기 바란다고 부탁받았지만, 여러 가지 생각할 것이 있어 주저하고 있는 사이에 반년이 지났다. 이 B씨의 집은 내가 지금까지 봐온 주택 중에서 가장 심한 악취가 났다. 건물은 멋지고 호화로운 2층 집이었다. 이 집의 모양과 그 때의 측정 데이터를 그림 4-1에 나타내었다.

신축된 지 1년이 된 집이지만, 살기 시작한 것은 2~3개월로 아이들에게 습진과 코피가 나기 시작했다. 부인도 습진이나 천식, 심장의 두근거림, 현기증, 더 나아가 피로가 심해 일도 할 수 없다는 것이었다. 여름의 더운 날에 이 집을 간이측정기로 조사하였다.

이 집의 새집증후군의 원인은 다음 4가지이다.

① 마루바닥재의 바닥재에서의 높은 포름알데히드 수치

② 벽지에서의 포름알데히드(이것은 벽지의 시공에 사용된 접착제라 생각된다)

③ 벽지의 톨루엔 toluene(이것은 더불링 때의 잉크에 사용)

④ 시스템 부엌의 겉판에 사용되고 있는 폴리에스테르 합판에서 스티렌 styrene 물질

여기에서 문제를 조금 파고들어가 보겠다.

①의 바닥재는 해외에서 만들어진 것이다. 저자는 처음 보는 것이다. 여러 가지 조사에 의하면 이 바닥재는 어느 업자가 수입했던 것이다.

저자는 모든 수입품을 부정하는 것은 아니지만, 1997년에는 후생노동성에서 포름알데히드의 실내농도 0.08ppm의 가이드라인이 나와 있어 이러한 동향은 수입업체는 당연히 알아 두어야 하는 것이다. 이러한 문제가 있는 건축재료가 지금도 어딘가의 주택에서 사용되고 있을 가능성을 보여주는 사례이다.

회사에서 재료의 검증을 한다는 것은 어려운 현실이라고 말하고 있다.

B씨 댁

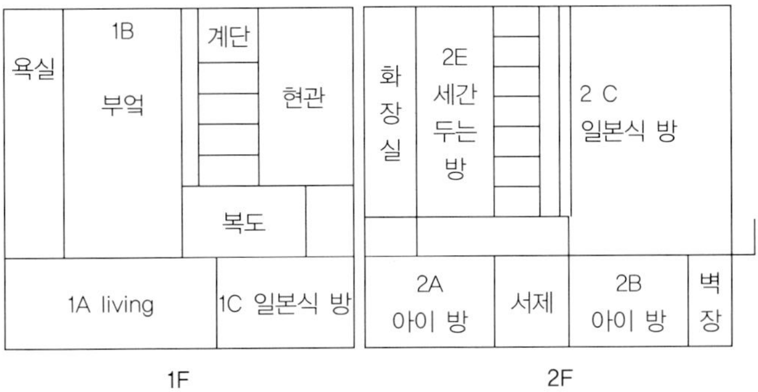

악취측정

악취채집 Gastec GV100S, 100V

검지관 : 포름알데히드 91LL (100㎖ 90초×5회 흡인)

톨루엔 122(100㎖ 90초×2회 흡인)

측정장소	측정부위	물질	ppm	온도(℃)	비고
1A실내중앙	마루바닥재 위 15cm	포름알데히드	0.45	33	
1A실내중앙	120cm	포름알데히드	0.35	32	
1C실내	마루바닥재 위 15cm	포름알데히드	0.40	32	
1C벽장	중단 선반	포름알데히드	0.50	34	
1A벽지	마루바닥재 위 15cm	톨루엔	1 (2/4회)	34	벽에 직접 검지관 설치
1A남동각	마루바닥재 콘센트 옆	포름알데히드	0.7 (황색 있음)	34	마루재 안쪽 구멍에 직접
1B실내	마루바닥재 위 1m	포름알데히드	0.5 (황색 있음)	33	
2B남 벽지	벽지	포름알데히드	> 1.0 (황색 있음)	33	
벽지 2F 사용	두루마리	포름알데히드	0 (황색)	33	
벽지 2F 사용	두루마리	톨루엔	10 (50/10회)	33	
벽지 1F 사용	두루마리	톨루엔	10 (50/10회)	33	
1A실내벽지	남쪽 면	톨루엔	4 (20/10회)	32	벽에 직접 검지관 설치
2B실내	마루바닥재 위 1m	포름알데히드	0.25	32	

그림 4-1 B씨 댁의 실내공기측정 데이터

사용자는 업자로부터 '이 바닥재는 따뜻하고 훌륭해서 추천한다.'고 들었다고 한다. 사전에 보드 제조사가 정확히 책임을 갖고 재료 검증까지 하고 있으면 이러한 일이 되지 않았을 텐데 라고 안타깝게 생각한다. 지금은 건축기준법이 있어 이러한 재료는 사용할 수 없다. 문제가 일어났을 때의 책임소재가 불분명한 것도 안타깝다. 이 같은 사례는 이전 텔레비전에서도 문제가 된 적이 있다. 물론 대소를 불문하고 훌륭한 대응의 주택회사는 많이 있다. 사용자가 보존하고 있던 같은 벽지에 검지관을 넣으면 톨루엔이 반응했다. 즉 이 벽지는 더블링에 톨루엔의 잉크를 사용했던 것이다. 시스템부엌의 폴리에스테르 합판에도 문제가 있었다.

그 후 B씨는 여기에서 살 수 없었고 집을 옮겼다. 그러나 가족의 건강은 낫지 않았다. 지금도 완치되지 못하고 가족들은 때때로 몸 상태가 나빠지고 있다.

이처럼 몸도 마음도 엉망이 되어 지금부터 어떻게 살아갈 수 있을 것인가. 이 사례에서는 어느 대학이 조사하러 왔지만, 모두 포름알데히드 농도가 낮아 괴로움을 나타낼 정도는 아니라는 것이다. 저자의 간이측정으로는 저 정도로 포름알데히드와 톨루엔, 스티렌이 검출되고 있음에도 불구하고 왜라고 생각하는가. 지금은 이러한 실내의 측정기술은 확실하고 나도 정밀측정을 하기 때문에 이러한 것에 대해 반론을 할 수 있다. 대학은 보다 중립적이길 바란다.

측정했던 날은 여름철의 기온이 높은 날로 어려움이 있어서 가까스로 방에 있는 상황이었다. 하지만, 무엇보다도 원인을 파고들고 싶은 생각이 있다. 처음에 서술한 카나리야의 "반드시 원인이 있기에 결과가 있는 것이다"라는 그의 말에 격려 받은 결과, 원인을 알게 되어 안심했다. 집주인은 새집증후군의 단체와도 연락을 취해 여러 병원에도 갔다. 아이도 조금은 좋아진 상태이다. 최초에 보다 확실히 측정을 했다면 피해도 적고 문제의 해결은 좀 더 빨랐을 것이라고 생각할 정도로 안타깝다.

그리고 새집증후군으로 고통 받고 있는 사람들은 어느 정도로 있는 것일까. 이런 상태까지 이르면, 새집증후군은 인재 人災가 아닐까라는 생각하는 경우도 있다.

사례 3

C씨 댁의 사례이다.

원래 건설성의 관련 단체의 의뢰로 C씨 댁을 보기로 했다. C씨 댁은 5채의 매매 주택 중 한 채이다. 신축 1년 되는 해의 여름에 집을 봤다. 멋진 방 배치를 가진 매매대상 주택이었지만 집에 들어갈 때 악취가 났다.

C씨의 부인은 새집증후군의 증상으로 병원에도 다니고 있어 모든 화학물질에 반응한다. 물론 신축 집에 들어가는 것은 어려운 상황이었다. 지금으로는 근처 주유소의 냄새에도 반응해 버린다.

이 C씨의 집 상황을 서술해보자. 이 집에 들어가면 확실히 포름알데히드 냄새가 현관부터 떠다닌다. 이 악취는 어디서 오는 것일까. 수동식 간이측정기를 사용해서 집의 각 방을 시간을 걸쳐서 측정했는데 집의 각 방에서는 고농도의 포름알데히드가 검출됐다. 1층의 거실, 계단 위 2층의 부엌과 지붕 안의 loft 등에서도 상당히 고농도의 포름알데히드가 검출되었고 그 수치는 그림 4-2에 나타내었다.

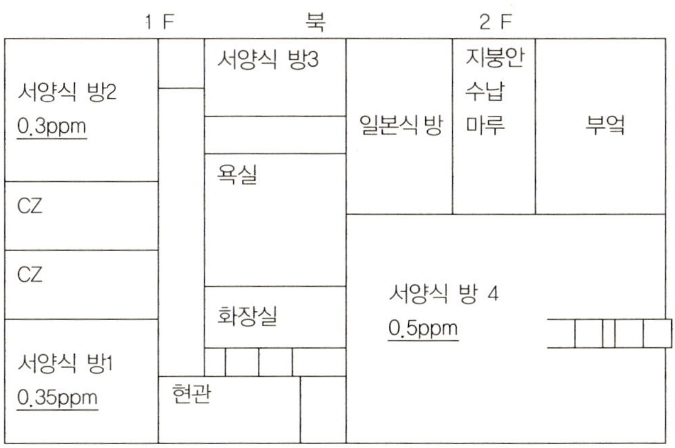

측정은 Gastec 간이측정기 'GV100S'를 사용
측정시의 온도 30℃

그림 4-2 C씨 댁의 측정 데이터 (포름알데히드 농도)

loft의 문을 가지고 와서 조사했더니 포름알데히드 농도는 기준치를 넘고 있었다. 나중에 아는 건축사와 동행했는데, 그 건축사는 30분이 되자 이미 돌아가고 싶다고 손들 정도로 악취가 강했던 것이다. 저자는 건축은 초보자이지만 화학은 전문이다. 이 악취가 무엇이고 어디서 발생하고 있는지를 발견하는 것은 어렵지만 대략 추정할 수 있다.

주요 원인(추정) :

- 바닥재에서의 포름알데히드
- 벽에 사용된 접착제의 포름알데히드

부인의 건강상태는 그 후에도 나빠지고 있었다. 그림으로 나타냈듯이 이 집의 포름알데히드는 상당한 고농도이다. 물론 측정 시에는 누구도 살고 있지 않았기 때문에 집의 포름알데히드 농도는 당연히 높은 상태이다. 2층의 계단 위는 특히 농도가 높았는데, 이것은 1층의 포름알데히드가 실온상태에서 2층을 향해서 확산되고 현관을 열었을 때 공기가 흐르기 때문이다.

이들 다섯 주택의 파는 집 중 C씨의 집이 가장 심한데 햄스터가 죽은 집도 있다고 한다. 항상 말 하는 것이지만, 신축 직후의 입주는 매우 위험하다. 가능하다면 최소, 여름철이면 2개월은 환기하고 나서 입주할 것을 권유한다.

이렇게 악취가 심한 집을 본 것도 처음이었다. 그 후 2년이 지나서 근처를 지날 기회가 있었는데, 같은 업자가 새로운 집을 10동 이상 짓고 있는 중이어서 괜찮을지 걱정하고 있다.

그렇다면 이 집의 행방이다. 그 후 일 때문에 어느 자료를 볼 기회가 있었는데 C씨의 새집증후군의 원인이 마루바닥재에 사용된 바닥재에 있다는 것을 발견했다. 즉 마루바닥재에 사용된 목질 바닥재는 포름알데히드 농도의 수준이 F2로 되어 있었다. F2의 바닥이라면 0.3~0.5ppm의 포름알데히드가 검출되는 것은 당연하다. 당시는 정밀측정과 부재의 검증을 하지 않았지만, 저자의 측정결과와 원인물질은 거의 일치했다. 2003년의 7월 건축기준법 개정에서는 이러한 F2의 바닥재는 사용 금지됐다. 지금 생각하면 그 때에 부재를 잘라 검사해 두면 좋았을 것이라고 후회된다.

지금은 자신이 측정기술을 갖고 측정하면 재빠르게 원인을 판명할 수 있을 것이다. 얼마나 정밀측정이 중요한지 절실히 알게 해준 사례이다. 실은 여기에도 어느 대학과 연계하여 조사 분석을 하고 있는데, 결과가 어떻게 나올지 의문이다.

사례 4

건축업자가 집의 리모델링을 둘러보고 어떻게 하면 좋을까 라고 상담을 했다. 그 후 신경이 쓰였지만, 가끔 D씨와 병원에서 만날 기회가 있었고, D씨는 매월 치료하러 오고 있다.

대도시에 살고 있는 D씨 일가는 근교 도시의 신흥주택가에 중고 집 한 채를 샀다. 몇 개월이나 지났을 쯤부터 신체 이상을 느껴지면서 건강에 이상이 발생했다. 조사하는 중에 알게 된 것은 이웃집 정원의 D씨 댁 옆 야채농원에서 대량의 제초제가 빈번히 뿌려지고 있는 것이었다. 이웃집에 자제해주도록 제의했지만, 그 후에도 약제 살포는 계속되었고 약제인 미스트는 창틀에 하얗게 쌓여 집 안에까지 들어왔다. 그리고 D씨의 몸은 엉망이 되어 일도 그만두고 자택에서 일을 하고 있다. 지금은 도시부에 옮겨 살고 있다. 의사의 진료결과는 유기인 화합물에 의한 중독이라는 것이다. 집을 보았는데, 주변 창틀이나 돌담에 하얀 것이 흠뻑 붙어 있었는데 이것이 약제일까. 실내에 오래 있으면 눈이 피로하다. 실내의 공기는 유기인 화합물용의 'ORBO-49P'의 카트리지로 채취했다.

최근 유기인계의 농약류가 마트에서도 쉽게 입수할 수 있기 때문에, 생각지 않는 곳에서 새집증후군이나 화학물질과민증이 계속 일어나고 있는 듯하다. 어느 날 D씨의 집안에 그리마나 다른 벌레들이 수십 마리나 몰려 왔는데, 벌레들은 이웃집 밭의 농약에 견디지 못하고 조금이라도 안전한 D씨 댁에 피난해 온 것일 것이다. 이 집에서는 잉꼬가 양 다리 마비로 죽었다. 동물들이나 곤충은 본능적으로 몸에 위험을 느끼고 피난하지만 인간은 그러한 본능이 희

박해져 다음에는 건강을 해치게 되는 것이다.

모르는 사이에 마루바닥재 아래나 공기 입구에서 유해물질이 실내로 들어온다는 사례이다. 같은 사례가 1980년대에 일본 효고兵庫현 옥저타카라즈카시에서 발생했는데, 판례도 있다.(<농약 독성의 사전>에서)

앞에 서술했듯이, 새집증후군은 처음에 모르는 사이에 흰개미구충제나 방충제, 소독제에 사용된 유기인계화합물에 노출되고 그 다음에 포름알데히드류나 톨루엔류에 노출되고 나서 느낄 정도이다. 그것은 자신이 유기인에 피해를 받았기 때문이다.

지금 저자는 유기인 화합물의 독성 문헌을 모으고 있다. 자동차나 전자제품에도 난연제나 가소제로서 브롬계로 바꿔서 유기인 화합물이 사용되고 있을지도 모른다. 독일에서는 건축기준법 개정에서 유기인계를 규제하고 있다. 지금 EU에서는 자동차나 전자제품의 유기인 화합물을 비롯한 위험성이 있는 물질의 사용을 규제하기 시작하고 있다. 그리고 전기제품이나 자동차에 유기인 사용의 규제가 있는데 농약이나 소독제의 유기인 화합물에 대한 규제가 분명하지 않다고 생각되는 것은 왜일까. 해당기관의 진지한 대책을 바란다.

새집증후군이나 화학물질과민증에서 위험한 물질 순으로 배열하면 다음과 같이 된다.

> '유기인 화합물 등 > 톨루엔류 > 포름알데히드류 > 알코올류'

사례 5

이 사례는 어느 신축 아파트이다. 지인인 H사의 직원이 이 아파트의 E씨 댁을 측정한다고 해서 같이 가기로 했다. 아파트에 들어가면 복도에서는 부틸butyl고무의 이상한 냄새가 떠다니고 방에 들어가면 스티렌모노머styrene monomer와 포름알데히드의 악취가 났다.

H사에서는 간이측정기를 이용해서 각 방의 포름알데히드 농도를 측정했지

만, 거의 나오지 않았다(H사는 측정은 처음인 듯했다). 저자는 어디까지나 참고니까…라고 말하고 직접 각 방의 포름알데히드 농도를 간단한 펌프식으로 측정한 결과, 각 방 모두 포름알데히드와 스티렌이 검출됐다.

어느 때나 그렇지만, 다른 측정업자가 있으면 저자는 꼭 한발 물러섬과 동시에 그 사람의 측정 데이터를 믿지 않는다. 왜냐하면 나와 생각이 다르면 새집증후군의 원인물질을 밝히는 것이 다르기 때문이다. B씨 사례의 대학도 그렇다. 측정은 간단한 것으로 합리적인 측정장소의 건수와 원인물질을 확인하는 능력이 요구된다.

> "측정이라는 것은 원인물질을 확인하고,
> 그것을 어떤 방법으로 개선할까"이다.

이 집의 포름알데히드 원인은 각 방의 문과 벽장이나 선반에 사용된 파티클 보드이다. 또 스티렌은 각 선반의 폴리에스테르 화장판에서 방산되고 있었는데 신발장이나 벽장, 부엌 선반, 세면대 등의 선반은 모두 하얀 폴리에스테르 마감처리되어 있었다.

이곳은 고가 맨션이지만 사용하고 있는 재료는 의문이다. E씨가 모친과 입주 전에 조사하러 왔을 때, 2시간 정도 E씨의 몸에 습진이 생겼다. 의료관계의 일을 하고 있는 E씨는 화학물질에 상당히 민감한 체질이다. 측정은 더운 날에 갔지만, 실내에는 강한 악취가 떠돌고 있었다.

그리고 이 가족과 가끔 만나게 되었지만, 업자와의 해결은 상당히 난항이었다. 후에 개선의 사례를 나타내지만, 집 주인이 개선방법을 제시해도 이 건축회사와 개발자는 스스로는 개선조차 할 수 없다고 한다. 어느 도장업자에게 부탁해서 대부분의 부재를 도장하여 사용함으로써 어느 정도 성과는 거두었다.

이 아파트의 나쁜 원인은 다음에 나타낸 부분이다.

① 각 방의 문(MDF에 염화비닐의 랩핑 마무리)의 상하가 전혀 처리되지 않고 재단된 채로 사용되어 거기에서 포름알데히드가 방산했다.

② 각 집기나 신발장, 부엌 선반의 파티클보드로 보이는 앞부분만을 염화비닐의 테두리를 하고 있다. 이전의 가구는 이러한 적은 없었다. 기타 면에서 포름알데히드가 발산하고 있다.

③ 하얀 폴리에스테르로 가공한 파티클보드의 전면에서 미반응의 스티렌모노머가 발산하고 있다.

여기에서 스티렌모노머 냄새가 상당히 강하고 도시가스의 냄새이기 때문에 바로 알 수 있다. 이 스티렌은 일본에서의 가이드라인은 220㎍/m³이지만 독일의 건축기준법개정에서는 30㎍/m³이다.

저자의 경험으로 톨루엔보다 스티렌 쪽의 냄새가 독하기 때문에 신경피해를 입는다고 추정한다. 모두가 꼭 한번 이러한 스티렌모노머를 스스로 냄새 맡아 보면 좋겠다.

이 같은 집에서 왜 문제가 일어나는 것일까. 아니 여러분은 분명히 이러한 사소한 건축재가 새집증후군의 원인이라는 것 등 의식하고 있지 않을 것이다. 폴리에스테르 합판은 동남아시아에서 생산되어 일본에서 재단된 채 사용되고 있는 듯하다.

이 아파트는 시간을 걸쳐서 개선한 후, 상당량의 포름알데히드와 스티렌 농도가 내려갔다. 이 경우에서는 E씨에게 다양한 것을 배웠는데 그 후도 새집증후군의 환자들과 함께 만나서 서로에게 의학적 지식을 높이게 되었다.

이 아파트 외의 방은 괜찮을 것인가. 보이지 않는 곳에서 다음의 새집증후군 환자를 만들어내고 있지는 않을까 매우 걱정이 된다. 다른 세대가 무사할 것을 바라고 있다.

2 리모델링의 사례

사례 6

이것은 리모델링으로 일어난 사례이다.

고가 아파트인 F씨 댁은 리모델링 후, 부인이 습진이나 두통, 권태감이 잦았다. 나의 책을 읽고 전화를 하고 몇 번인가 메일로 주고받았다.

여름철 어느 날 F씨 댁의 방면에 갈 기회가 있어서 집을 봤다. 리모델링은 벽장과 각 방의 바닥재이다. 방에 들어가면 스티렌과 포름알데히드의 악취가 났는데, 스티렌은 벽장에 사용된 폴리에스테르 합판에서, 포름알데히드는 바닥재에서 방산되고 있었다. 간이측정기를 이용해서 측정했지만, 포름알데히드는 0.15ppm, 스티렌은 0.5ppm 정도 검출됐다.

그 후 폴리에스테르 합판의 선반을 보내서 받아 어느 대학에서 소형챔버를 이용해서 포름알데히드, 스티렌과 함께 측정했지만 가이드라인 수치보다 높게 나왔다. 사례 5처럼 다시 도장을 할 것을 권유했지만, 적당한 업자를 찾지 못하고 결과적으로는 1년 후에 전면 다시 고쳤다.

지금 생각하면 정밀측정을 하면 훨씬 좋았을 텐데 라는 생각이 든다. 그러나 이 경우에서는 2개의 문제가 있었다. 하나는 리모델링 회사 사람이 근처 주민으로 아는 사람이기 때문에 불평을 나타내기 힘든 것, 두 번째로 몇 개의 법률가에게 상담했지만 이러한 새집증후군 문제에는 대부분 지식과 견문이 없다는 것이다. 병원도 그 지방에는 적당한 곳이 없었다.

이만큼 새집증후군이나 화학물질과민증이 문제가 되면서도 이러한 문제의 의학적, 법률적 지식과 견문 부족 때문에 대응의 나쁜 점은 아직 남아 있는 듯하다. 예전에 소비자센터에 상담했을 때, "새집증후군이란 무엇입니까"라고 정색하고 나온 적이 있었다. 마치 내가 이상한 사람인 듯이…. 화학물질과민증이나 새집증후군은 내일 당신의 집에서 일어날지도 모른다고 말했다.

이 사례도 좀 더 가까운 곳이라면 보다 확실히 대응도 할 수 있었을 텐데 라고 안타깝게 생각한다.

사례 7

이 사례는 어느 주택의 G씨 댁에서 일어난 일이다.

주택의 리모델링 공사로서 마루바닥재를 교체하였는데 그때 본래의 목적이 아닌 톨루엔이 함유된 용제형 접착제가 사용되었다. 그 후에 가족의 건강이 나빠지고, 조사에서는 톨루엔이 검출됐다.

G씨와 업체 사이에 조정을 도와주며 매일 강제 환기를 하고 매월 한 번은 톨루엔의 실내농도를 측정하라고 권유했다. 그래서 4개월 사이 톨루엔 농도를 측정해 농도가 내려갔을 때 리모델링한 방도 사용할 수 있게 되었다.

이 집은 동일한 업체가 20년 전에 지은 집이라는 것과 리모델링한 곳은 1실뿐이고 사용자도 호의적이라고 들었다. 이처럼 사용자와 업체 사이가 좋으면 나도 기쁘게 해결할 수 있다.

사례 8

이 사례는 아파트에 사는 H씨 댁의 일이다. 거기에 입주자의 건강이 좋지 않다고 해서 정밀측정 했다. 이 아파트는 입주자가 교체될 때마다 내장재를 다시 바꾸고 있었다.

이 사례에서는 특히 일본식 방에서 자고 있는 아이와 H씨의 건강이 좋지 않다고 했다. 방에 있는 것이 괴로웠는지, 보기에 다부진 H씨는 측정하는 날에는 근처 공원으로 피해있었다.

이 집의 포름알데히드 농도나 톨루엔 농도를 Active법과 간이측정법으로 측정했지만, 거의 문제가 없었다. 함께 간 T씨가 다다미를 뒤집어 보고 말하길, 일본식 방의 다다미를 1장 뒤집어 봤는데 거기에는 유기인 화합물인 펜티온 fenthion이 1g/m² 포함이라 쓰인 시트가 깔려 있었다. 앞에 서술했듯이 펜티온은 2003년 9월에 암수지재에서 패소하고 있다. 즉 이 집의 가족 건강장해는 이 유기인인 펜티온에 있다고 생각되었다. 집에 돌아가서 바로 시트 제조사의 홈페이지를 봤다.

1개월 정도 후에 어느 주택부문의 사람들과의 회의가 있어 이러한 방충 다다미시트를 사용하고 있는 것이 상대방의 이야기에 나왔다. 3일 후, 인터넷에서 조사해 보니 방충시트의 홈페이지는 삭제되어 있었다. 즉 어딘가에서 이 제조사의 홈페이지에서 펜티온 함유 항목을 삭제하도록 지시했다는 것을 추정하였다.

이러한 경우라도 새집증후군이 만들어질지도 모른다는 것을 알렸다. 지금은 그 시트를 제거하고 H씨는 건강을 되찾고 있다.

눈에 보이지 않는 곳에 새집증후군의 원인이 있다. 집의 악취가 걱정될 때 한 번 더 당신의 집 다다미나 마루바닥재 밑, 천장 안쪽을 살펴보길 바란다. 유기인 화합물은 악취가 없는 것도 많다. 건축학회에서도 이러한 건축재료나 화학물질의 독성에 대해서 발표하고 있고 일본건축학회 등에서 교육하는 것도 중요할 것이다. 이 사례에서 다른 방은 도대체 어떠할까.

사례 9

공동주택의 I씨 댁에서 단열재(발포 styrol)를 교체하는 작업이 있었다. 그 공사 직후, 이웃집에서 매우 심한 냄새가 나서 그 주인이 쓰러질 뻔 했다는 사례이다.

원인은 단열재를 시공할 때에 사용한 용제계 접착제인 n헥산 n-hexane 같았다. n헥산의 비점은 톨루엔보다 낮지만 증기압이 톨루엔보다 적어 휘발하기 힘들다. n헥산은 조금이라도 남으면 악취가 난다. 공사 시에는 환기설비도 하지 않았다고 하니까 당연히 이웃집의 불만을 잘 알 수 있다.

다행히 시공업자가 불만을 듣고서 제조사에서 업자에게 MSDS가 보내졌는데 상대의 반응이 늦어 이웃집 주민이 상당히 화낸 듯하다. 일이 크게 커지지 않아서 다행이다.

사례 10

이 사례는 A현에서 일어났다. 시공업자로부터 전화를 받고 실제 집을 보기로 했다. 내장재를 바꾼 후에 거주자가 건강을 해쳤다.

원인은 사용된 벽지의 접착제에서 방산된 포름알데히드와 금속부에 사용된 도료의 톨루엔류였다. 공기가 고인 곳에서 톨루엔 등의 냄새가 조금 나고 있다. 간이측정기에서도 포름알데히드와 톨루엔은 감지됐다. 그 결과, 시공업자에게 환기팬을 2곳에 붙이도록 지시했다. 가능하면 벽지는 모두 벗기고 싶은 곳이었다.

어느 단계에서 이 벽지의 접착제에 포름알데히드가 첨가되었는가를 알 이유도 없지만, 신축에서는 상당히 포름알데히드 대책이 진행되고 있지만 리모델링에서는 아직껏 철저히 관리되지 않고 있다.

재고로 남아있는 포름알데히드가 함유된 각종 재료는 아직 유통되고 있는 것일까. 제조사로서도 문제가 일어나지 않는다면, 비용과 노력과 시간을 들여서 회수할 필요가 없다. 이번의 건축기준법 개정에서도 이러한 리모델링은 규제대상이 아니다. 정말 이렇게 살아가면서 개장공사 쪽이 위험한 것이다. 역시 재고로 남아있는 F☆☆☆~☆☆등급의 재료는 도대체 어디에 사용되고 있는 것일까.

사례 11

이 사례는 건축된 지 10년 된 주택이다. J씨 댁은 지붕과 벽의 결합이 불충분하기 때문에 비가 내리면 1층의 천장에 물이 스며들어 왔다. 따라서 지붕의 보수공사와 1층 거실의 천장 전면을 도장했다. 그 직후 거주자의 건강이 나빠졌는데, 특히 머리가 무겁고 눈이 피로하다는 것이다.

J씨 댁은 휴일에 한번 보기로 하고 근처의 Y 선생님의 진찰을 받도록 권유했을 때, 일단 유기인의 증상은 아니라는 것이다. 약속 날 사용된 도료의 성분을 보면 그것은 외부용 도료이고 성분으로서 사용되고 있는 것에는 석유 나프타 naphtha가 30% 이상 있는 것이었다. 이것으로 고비점(160℃ 이상)의 석유 나프타가 실내에 남게 되었다. 그 결과 천장재를 전면적으로 벗겨서 새로운 천장재를 안전한 접착재로 시공하도록 권유했다. 그래서 성실한 업자의 보수와 시공후의 실내측정 및 환기팬의 설비에 의해 한 번에 그 집의 문제는 해

결되었다.

이런 대응이 좋은 업자는 이쪽에서부터 추천해 주고 싶다.

사례 12

B현 K씨는 자연소재의 집이 좋다는 생각에서 마을의 좋은 자리에 멋진 천연목재를 사용하여 집을 자연계의 설계자의 기반으로 지었다. 그러나 신축 2개월 후 아이의 상태가 나빠지고 천식 증상도 나오고 부인도 머리의 무거움을 호소했다.

모 건축사의 의뢰로 그 주택을 봤다. 벽이나 천장에는 모두 천연목재판이 사용되어 있어 벽도 모두 규조토 마무리이기 때문에 얼핏 봐서는 어디서 무엇이 나오고 있는 것일까라고 생각할 정도였다. 간이측정에서도 포름알데히드 농도가 낮고 원인 불명이었다. 그러나 신경이 쓰여서 후에, 벽에 사용된 규조토를 초벌칠 · 겹칠과 함께 보내서 받은 포름알데히드의 검사를 했지만, 이것도 거의 검출되지 않았다.

그래도 마음에 걸리기 때문에 대학에 정밀한 성분분석을 부탁했다. 그 결과 고농도의 부탄올 butanol과 방부제로서의 장뇌 camphor(침투성이 있고 곰팡이 냄새가 다소 나는 방향성 유기화합물)가 검출되었다. 즉 이 규조토에는 접착제(아크릴수지계 에멀션 등)와의 분산성을 고려해서 부탄올과 방부제로의 장뇌가 포함되어 있던 것이었다. 규조토는 안전하다고 생각하고 있었지만 자연계 건축재도 신용할 수 없는 것도 있다.

여기에서 한 가지 문제가 된 것은 시공회사와 설계자의 책임을 물으면서 말이 나온 것인데, 조금 생각해 보길 바란다. 전해지는(생략) 대부분의 건축책에는 "안전한 벽재로서 규조토…"라고 쓰여 있다. 모든 규조토가 위험하다고 생각하진 않지만(규조토 그것은 안전하다), 섞이는 것에는 주의가 필요하다. 자연계의 소재의 함정은 이런 곳에 있다. 이 사용자는 "안전한 집…"이라 쓰인 많은 서적을 읽고 선택한 후의 것이기 때문에 몇 억 원의 보증은 받아들지 않을 것이다.

제 7장의 새집증후군 방지를 위한 25개 조건에서도 쓰여 있지만 그다지 자연계에 기울이지 말고 좀 더 거리를 두고 검증하길 바란다. 이러한 재료에서의 포름알데히드류나 VOC류의 시험은 외부에서 1점당 60~70만 원으로 할 수 있다. 방법은 언제라도 가르쳐드린다.(생략)

사례 13

이 사례는 신문이나 텔레비전 및 인터넷에서도 알려진 새학교증후군의 사례이다.

2002년 3월에 완성한 초등학교에서 5~6월이 되서 아동의 건강에 이상이 발생했다. 8월에 가끔 이 학교를 시공한 업자와 PTA 및 졸업생 세 사람에게 직접 전화를 받아 상담을 했다. 다양한 이야기를 듣고 있으니 콘크리트 마루 바닥재에 에폭시 epoxy수지계 접착제를 이용해서 목질 바닥재를 시공했다고 하였다.

상대방에게는 목재의 포름알데히드와 시공에 사용된 접착제의 MSDS를 입수하도록 권유했다. 조사를 진행하자 여기에서 사용된 접착제에는 톨루엔 · 크실렌 xylene이 수% 포함된 제품인 것을 알 수 있었다. 여기에서 수%의 톨루엔류가 포함되어 있으면 완전히 방산하기까지 1년 가까이는 걸릴 것이다. 이러한 배경에서 가능한 빠른 시기에 전면적으로 바닥재를 벗기고 2~3개월 톨루엔류를 휘발시킨 후에 유기용제를 전혀 포함되지 않은 접착제로 시공할 것을 권유했다. 그 결과 전면적으로 바닥재를 바꿔서 수습된 듯하였다.

이러한 새 학교의 사례는 각지에서 일어나고 있다.

그 원인은 다음과 같다.

① 용제를 포함하는 도료나 접착제가 사용되고 있다(수성도료라도 고비점의 용제가 약간 포함되는 경우가 있다).

② 실내의 측정에 문제가 있다. 예전에 본인도 지방의 학교에서 톨루엔이 수천㎍/m³ 검출됐다고 스스로 측정했지만 80~600㎍/m³ 이었던 예도

있다. 반대로 동경도의 학교에서는 처음 측정 수치가 낮기 때문에 학생이 들어간 후에 문제가 일어나서 다시 측정하자 상당히 높은 수치였다라는 사례도 있다. 결과는 화장실 등에 사용된 톨루엔 포함의 도료였다. 그 사례는 그 후의 회의 회의록이 인터넷에서 지금도 공개되고 있다.

③ 어느 보육원에서도 문제가 일어났다. 이것은 코르크타일을 시공하는데 사용한 접착제 중의 톨루엔이 원인이라 하고 있다. 그리고 바꿨던 것의 공사 후에 또 톨루엔이 검출됐다. 그것은 마루바닥재를 모두 벗긴 후에도 톨루엔은 간단히는 빠지지 않는 것이다. 코르크타일의 내부에까지 톨루엔은 스며들어 있다. 다시 시공에는 최저 2~3개월은 환기 또는 베이크아웃 bake-out을 하지 않는 한 톨루엔처럼 100℃를 넘는 비점의 용제는 간단하게는 날아가지 않는다.

특히, 고비점 용제는 물과 섞이지 않는 것이 많아 콘크리트나 바탕의 목재부에 스며든다. 이러한 용제의 물리적 · 화학적 특성을 충분히 파악하고 있지 않으면 보수공사에서 실패하는 경우도 있다.

표 4-5는 어느 신축학교의 측정수치이다.

표 4-5 한 신축학교의 측정결과(온도 32℃, 습도 55%)

측정 장소	측정 물질	μg/m³	ppm
식당(F1)	톨루엔	360	0.1
3F 교실A	톨루엔	280	0.07
2F 교실B	톨루엔	150	0.04
2F 음악실	톨루엔	74.3	0.02
도서실(2F)	톨루엔 · 스티렌 크실렌 · 에틸벤젠	74.3	0.02
식당(3F)	톨루엔 · 스티렌 크실렌 · 에틸벤젠	72.7	0.02

포집은 Tenax-TA(가열탈착)

포집량 : 0.1L×30분=약 3.0L 톨루엔의 후생노동성 지침수치 : 260μg/m³, 0.07ppm

여기에서는 추운 지역에 있는 학교의 사례로 조금 추정을 더해 봤다. 어느 초등학교에서 11월~12월에 학교의 콘크리트 타설을 실시했고 바닥의 바닥재 공사는 1월에 시공했다. 그때 톨루엔 · 크실렌을 포함한 접착제를 사용했다면 마치 젖은 걸레로 등유를 닦은 것처럼 언제까지나 물과 함께 미끈미끈하게 마르지 않는다. 더욱이 바닥재를 시공했을 때의 오픈 타임을 겨울철에 충분히 실시하지 않으면 톨루엔 · 크실렌을 방산하는 양이 적기 때문에 봄의 기온이 높아질 쯤에 서서히 톨루엔 · 크실렌이 방산하기 시작한다. 그쯤에 학생이 들어오면 문제가 발생하는 것이다.

이러한 바닥재용 접착제에 톨루엔이 들어간 것이 사용되고 있는 것은 복합 바닥의 폴리에스테르 등의 발포제와의 접착성을 좋게 하기 때문이다. 에폭시 수지계 접착제가 학교 공사의 사양서로 정해져 있는 점에서는 문부과학성의 지도에 따르고 있다고 말할 수 있다. 2002년 2월 5일부의 문부과학성의 규정은 어느 NGO를 통해서 입수했다.

새 학교의 대응은 문부과학성, 국토교통성, 경제산업성 등의 연대가 보다 필요하다로 생각하게 하는 사례이다.

북쪽 지역의 어느 사립학교의 신축학교를 둘러보고 새 학교의 문제를 발견했다. 거기의 주임교사는 매우 열심인 사람으로 상담을 받았지만 문재의 소재를 깊이 파고들 수 없다. 즉 이 학교의 건설에는 PTA와 가로막는 것이 있는 듯하다는 충고를 받고, 다른 부서의 사람이 간섭하는 것은 어렵다는 것이다.

학생을 위한다는 모순 속에 성인 사회구조에 의해 방해받는 경우도 있을 수 있다. 그러나 희생자는 아이들이고 이들은 점점 과격한 성격으로 바뀔지도 모른다. 어린아이들의 건강을 지키기 위해서도 학교의 공기질은 굉장히 중요하다. 교육위원회도, 학교도, PTA도 학교의 신축 · 리모델링에 보다 신중하게 접근하길 바란다.

2000년 11월의 신문에 새학교증후군을 일으키지 않기 위해 학교, PTA가 매회 위원회를 열고 있는 사례 3가지를 실었다. 그 중에 하나로 본인과 여동생이 졸업한 타카라즈카 도시의 초등학교의 대처가 소개되어 서둘러서 교장 선생님에게 편지와 나의 자료를 보냈다.

어느 병원에서는 2년 전부터 병원건축회의에 의사와 새집증후군을 잘 아는 건축가와 NGO가 함께 참석하여 각종 건축재료 등을 검토했다. 완성된 건물을 보여줬는데 환자에게 안전한 병원이 될 것 같다.

이 외에도 새집증후군이나 새학교증후군의 사례는 몇 개나 봐 왔지만, 역시 측정 · 리모델링의 대응과 의학적 치료가 늦으면 치료도 늦어진다. 1997년에 본 집은 지금도 몹시 걱정이 된다.

05

개선방법

1 개선

지금까지 새집증후군 측정과 새집증후군의 사례 등을 기술해 왔다. 몇 번이나 기술했듯이 새집증후군에서 가장 중요한 것은 이러한 문제가 있는 집이나 학교를 어떻게 개선해서 어떻게 실내의 오염물질 농도를 낮추는가이다.

물론 가장 좋은 방법은 전면적으로 다시 짓는 것이지만, 갖춰져 있지 않는 의복이나 차를 바꾸는 것과는 차원이 다르다. 리모델링이라도 전면적으로 바꾸게 되면, 이미 배치한 가구나 집기류를 이동하고 방을 며칠간 비워야 하는 등 단순히 공사비만으로 끝나지 않는다. 실제로 이러한 보수공사를 포함해서 사용자에게 고액의 청구를 받은 경우나, 어떻게든 원만하게 수습한 경우, 울며 겨자 먹기로 끝난 경우 등 다양한 사례를 봐 왔다.

국토교통성이나 실내공기대책연구회(2000년~2003년 3월)의 리모델링분과회에서도 각종 리모델링 방법에 대해서 검토되었다. 이 보고서의 일부는 홈페이지에서 공표되고 있다. 최근에 새집증후군에 대응해야 할 포름알데히드나 VOC를 흡착 분해하는 각종 건축재가 계속해서 개발되고 있다. 이러한 제품의 데이터는 건축학회나 실내환경학회, 일본목재학회 등에서 자주 보고되고 있기 때문에 이것들의 학회의 보고서나 학술대회 프로시딩을 때때로 보면 좋다. 특히 학회의 대회 발표논문의 제목은 이미 인터넷에서도 볼 수 있기 때문에 후일 프로시딩을 구입하거나 발표자에게 직접 연락해서 발표내용을 입수할 수도 있다.

새집증후군의 리모델링으로 효과 있는 재료는 주택신문이나 잡지에도 자주 소개되고 있다. 그러나 이러한 건축 재료 모두가 리모델링으로 충분히 효과가 있다고도 생각되지 않는다. 후에 기술하겠지만 본인도 여러 가지를 모색해 보았다. 건축재, 도료, 필름, 젤상 소취제, 광촉매계 시트 등도 시험해 보았지만, 솔직히 말해서 나 자신의 경험에서 확실히 리모델링됐다고 생각되는 것은 하나뿐이다.

나에게는 많은 개선 가능성이 있는 것들이 소개된다. 오히려 나에게 팔러

온다고 하는 편이 좋을까. 저감작용이 크다고 하는 물질의 데이터에는 저명한 대학의 연구성과나 검증 데이터가 첨부되어 있어 얼핏 좋은 것으로 생각된다. 그러나 실제로 이러한 종류의 흡착분해제품을 이용해서 현장에서 확인도 했지만, 그다지 효과는 기대할 수 없었다는 것이 사실이다.

어느 노인 집에서는 오염물질 저감 젤을 구입해서 문제가 있는 병실의 각 부위에 설치했지만, 전혀 라고 해도 좋을 만큼 효과가 없었다. 도대체, 저 카탈로그에 기재되고 있는 흡착분해의 시험데이터는 무엇이었던 것일까라고 생각된다. 그러나 여기에서 중요한 것은 결코 이 제품이 흡착분해능이 전혀 없다는 것은 아니다. 그 후, 자신의 집에서 흡착처리품과 미처리품과의 비교시험을 행해 보면 포름알데히드는 20~30% 감소하는 것을 확인할 수 있다. 마찬가지로 다른 제품에서도 어느 정도의 흡착분해효과는 있다.

자료에 나타내는 시험 데이터를 부정하는 것은 아니지만 실제의 집이 되면 문제는 다르다. 30cm각(0.09m²) 정도 크기의 건축재와 표면적 60cm²의 집에서는 흡착분해의 효과는 전혀 다르다. 덧붙여 말하면 신문이나 텔레비전에서 떠들고 있는 학교나 아파트, 주택에서의 오염물질 저감에 이러한 분해물질을 이용해서 성공했다는 것은 거의 들은 적이 없다. 카탈로그에 기재되어 있는 듯한 흡착분해효과가 있다면 새 집이나 새 학교 건축물의 오염물질을 저감할 수 있는데 어째서 할 수 없는 것일까? 신기하게 생각되었다.

대규모적인 베이크아웃방식도 가능한 것이지만, 어째서 이 같은 저감방식이 도입되지 않는 것일까?. 최근 일본목재학회, 일본실내환경학회에서도 VOC 저감의 보고가 많이 보이지만, 실제의 집에서의 저감측정 데이터는 거의 없다. 신문에서 보고된 조개껍질(가리비조개)의 분쇄품에 의한 포름알데히드 저감은 저자 자신도 흥미가 있는 부분이다. 이것은 키토산 등의 어느 화합물을 포함한 것이 포름알데히드 formaldehyde 등의 알데히드 aldehyde와 반응하는 것에서 흡착물질의 효과가 보여지는 것이고 레몬의 아세트알데히드 acetaldehyde가 게 등딱지의 키토산 냄새를 없애주는 것은 잘 알려져 있다.

다음에 저자가 직접 다른 실제의 오염물질 저감 사례를 설명하였다.

2 개선사례

개선사례 1

어느 종합병원의 신축공사 사례이다. 이 병원에서는 인접지에 4층 건물의 새로운 동이 세워졌다. 그리고 3월 이사 직후부터 병원 전체가 강한 악취가 났다고 이 병원에 근무하고 있는 의사에게 전화를 받았다. 3월 중순의 토요일 그 병원에 가서 새로운 동에 통하는 엘리베이터로부터 지독한 VOC의 악취가 느껴졌다. 이 악취는 도료성분에서 방산되는 VOC이었다. 그리고 대기실에 들어가면 VOC와 포름알데히드의 악취가 났다. 더욱이 건물 내부에 있는 계단(일단 대기실은 문으로 구분지어 있다)에는 계단의 금속부에 사용된 도료의 VOC가 가득 차 있었다.

진찰실 안은 포름알데히드 냄새가 강하고, 더욱이 방의 창 쪽에 있는 수납부에서 포름알데히드와 스티렌 styrene의 냄새가 강하게 떠다니고 있었다. 수동식 간이측정기를 이용해서 병원의 각 과의 공기질을 측정했다. 계단부분에서는 톨루엔 toluene, 크실렌 xylene류가 검출되었다. 대기실에서는 포름알데히드가 0.15ppm 정도 검출됐다. 그리고 진찰실의 수납부에서는 0.35~0.5ppm의 포름알데히드가 검출됐다.

이렇게 해서 측정한 각 부분의 데이터를 정리하면 다음과 같이 된다.

① 엘리베이터 입구에서 복도에 걸쳐서의 금속부의 도료에서의 VOC
② 계단의 금속부분 도료(계단은 위로 올라갈수록 냄새가 올라가고, 3, 4층의 대기실이나 화장실에서도 상당히 강한 악취가 났다)에서의 VOC
③ 진찰실의 수납부의 lumber core나 선반의 포름알데히드
④ 수납부 문의 폴리에스테르 합판에서의 스티렌

여기에서는 간호사나 의사가 피로나 눈의 따끔따끔함, 쇠약, 집중력 저하, 기침, 아토피성 피부염의 악화 등의 증상이 강하고 환자보다도 심각했다.

이러한 병원을 어떻게 해서 리모델링할까 라는 것으로 시공업자와 함께 의논

해 생각해서 흡착성이 있는 (주)대일본도료의 인테그라 도료를 제조사의 지시에 따라서 도료하기로 했다(그림 5-1과 그림 5-2). 개선방법은 다음과 같다.

① 수납부분 및 선반은 모두 빼고, 샌딩 sanding을 하고 3회 도장한다.

② 계단부의 창은 24시간 개방하고 오후 동안은 옥상에 이르는 문도 개방한다.

③ 엘리베이터 입구의 복도에는 2개의 환기팬을 붙이는 것과 함께 모든 창을 열 수 있도록 한다.

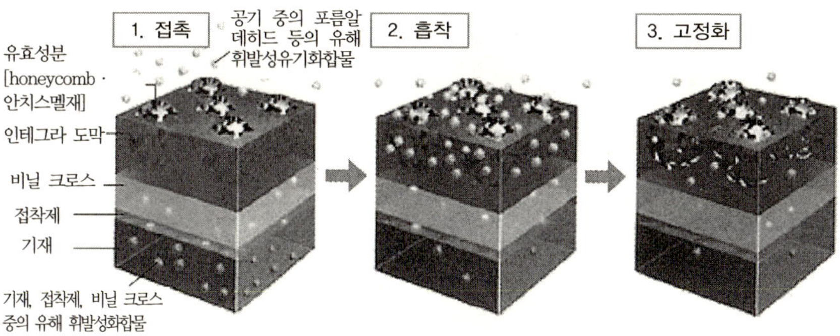

그림 5-1 인테그라의® deodorant 효과의 메커니즘(대일본 도료)

<시험방법>

인테그라를® 10×10×20cm의 직방체의 내면에 0.13kg/m² 도포하고 농도가 20ppm이 되도록 포름알데히드를 주입하고, 농도의 경시변화를 검지관으로 측정했다.

〈시험결과〉

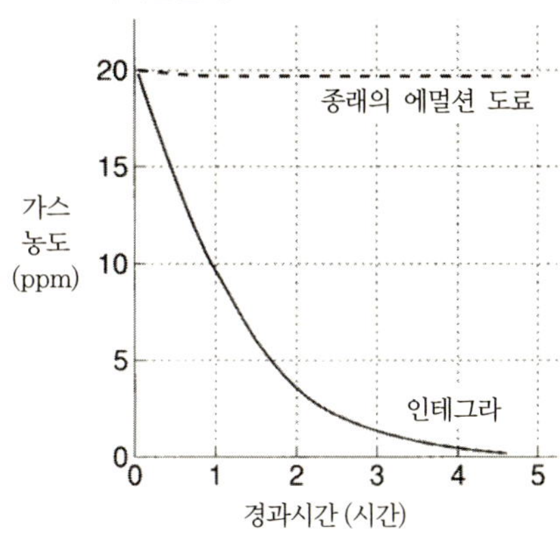

그림 5-2 포름알데히드의 흡착시험결과(대일본도료)

개선할 때쯤에 예비시험으로서 미리 인테그라 도료를 선반 2장과 문 2장에 도장한 것을 3~4일간 방치 후, 3중 폴리에스테르 봉투로 싸서 보내 주어서, 미도장품과 함께 간이측정기로 포름알데히드와 스티렌을 측정했다. 한편 나의 집에서 의장 케이스에 넣어서 2일간 방치 후, 간이측정기를 이용해서 이 도료의 효과를 확인했다(사진 5-1). 이렇게 해서 측정한 포름알데히드의 데이터를 표 5-1로 나타내었다. 이 표에서 일단 이 도료에 의한 포름알데히드, 스티렌의 흡착효과는 있는 것으로 판단했다.

사진 5-1 개선 도료의 실험

표 5-1 예비시험 측정 데이터 (온도 23℃, 습도 54%)

		1회째 (ppm)	2회째 (ppm)	3회째 (ppm)	평균치 (ppm)	감소율 (%)
A	선반 (블랭크)	0.42	0.40	0.35	0.39	
	선반도장품①	0.16	0.17	0.15	0.16	59
	선반도장품②	0.24	0.24	0.18	0.22	44
B	문 (블랭크)	0.46	0.50	0.51	0.49	
	문 도장품①	0.37	0.30	0.39	0.35	29
	문 도장품②	0.27	0.29	0.30	0.27	45

(JMS측정기에 따른다)

그래서 우선 4층에 있는 K선생님 진찰실의 수납부 문이나 선반을 시공업자가 가지고 와서 전면적으로 도장했다. 수납부의 내부는 현장에서 도장했다. 그리고 1주일 후, 다시 간이측정기를 이용해서 포름알데히드, 스티렌 등의 농도를 측정하자, 농도는 50~60% 감소하고 포름알데히드 농도도 0.15ppm 이하로 감소하였다. 이 결과를 근거로, 다시 1주일 후 모든 진찰실의 수납부 목재부분을 이 도료를 이용해서 같은 방식으로 도장했다.

그래서 신축 병동 전 실을 개선하고 한 번에 병원 내부의 VOC나 포름알데히드 농도는 개선되었다. 참고로 도료의 선택은 시공업자를 통해서 O시의(생략) 도장업체에도 상담하고 도료 제조사의 협력을 얻었다. 개선에 드는 도장비용은 내장재 교체비용의 1/20로 해결된다.

1개월 후 다시 병원을 측정했다. 포름알데히드의 냄새나 스티렌의 냄새는 거의 없고, 무사히 개선작업을 완료했다. 그러나 금속부의 도료 냄새의 감소는 늦고, 선생님의 환자인 T씨가 진찰하러 가서 병원을 나온 직후에 권태감과 두통이 있었다 하였다.

이처럼 금속부의 도료는 톨루엔, 크실렌, 미너럴 스피릿 mineral spirit 외 고비점 용제가 배합되어 있기 때문에 완전히 냄새가 빠지는 데는 2~4개월 걸린다는 점에서 상당한 주의를 요한다. 금속부의 도장에는 수성계를 사용하는 것도 적고 개선작업 시에 이러한 금속부 도료의 VOC냄새가 상당히 남은 경우를 여러 번 봤다. 이 병원의 리모델링 전과 리모델링 후의 데이터를 표 5-2에 나타내었다.

개선사례 2

앞의 병원 직후 어느 개발업자가 판매한 고급 신축 아파트에서 악취가 강하고 입주 전에 가족에게 피해가 발생했다. 방을 측정한 결과, 포름알데히드와 스티렌, 톨루엔류가 간이측정기에서 검출되었다. 특히 6월~7월에 걸쳐서는 온도와 습도가 높아 이러한 포름알데히드나 VOC의 방산농도는 상당히 높아졌다.

표 5-2 실제로 도장품에 설치한 후의 측정 데이터 (포름알데히드)

측정장소		4월 16일 측정(ppm)	5월 6일 측정 (ppm)25℃·45%	5/6 외의 가스
①진찰실	진찰 부스 책상 위	0.12	>0.10 적다	황색 0.05
②진찰실	수납 선반 우에서 2번째 양쪽 열림	0.30	0.15~0.2 적다	황색 0.08
③진찰실	수납 선반 우에서 7번째 양쪽 열림	0.35	0.12~0.15 적다	황색 0.1
④진찰실	수납 선반 우에서 12번째 양쪽 열림	0.25	0.10 적다	황색 0.18
⑤오의 진찰실 미도장	수납 선반 우에서 2번째 양쪽 열림	0.35	0.12~0.15	황색 0.2
⑥진찰실②의 천장판	수납 선반 우에서 2번째 양쪽 열림 천장판 안쪽 lumber core로트 사용	0.50	>0.10 적다	황색 0.1
3F진찰실	수납고	0.35	0.12	

이 아파트에서는 벽장이나 수납 선반, 신발장, 식기선반 모두에 폴리에스테르 합판이 사용되고 있다. 또 각 방, 벽장의 문은 염화비닐 시트의 랩핑형태였고, 문의 위아래는 도장이나 마감테이프의 처리도 없이 소위 잘린 채의 MDF였다. 또 수납부 선반의 파티클보드도 잘린 상태 그대로의 제품이다. 톨루엔류가 나오는 것은 MDF의 표면마감재인 염화비닐 시트의 잉크와 랩핑에 사용한 우레탄수지계 용제형 접착제일 것이다.

그러면 여기 리모델링에는 앞의 병원의 사례를 참고로 해서 모든 선반과 모든 방문의 위아래에 인테그라 도료를 3회 도포하기를 권유했다. 그 후 도장업자가 2일 걸려서 선반이나 문을 다시 도장하기로 했다. 그 결과를 표 5-3에 나타내었다. 이번 개발업자가 마지막까지 책임을 지고 개선하기로 한 점에서 원만하게 해결된 사례이다. 그 후 측정에서도 포름알데히드나 스티렌류의 농도는 상당히 낮아졌고 일단 성과를 얻었다.

2003년 8월에는 오사카에서도 대기업 아파트에서 트러블이 일어나 지금도 요미우리신문 등의 기사와 함께 인터넷에서도 볼 수 있다.

표 5-3 아파트 개선 전후의 측정 수치

	검출물질	리모델링 전 4/23 온도 23℃ (ppm)	리모델링 후 7/2 온도 30℃ (ppm)
리빙 서북 FL 마루바닥재면 로트	포름알데히드	0.12	
서양식 방 CZ 마루바닥재면	포름알데히드	0.12	>0.20
서양식 방 CZ선반(폴리에스테르 합판)	스티렌	<0.5	>1.5
서양식 방 문 랩핑 로트	톨루엔	0.2	>1.0
서양식 방 창B 틀(랩핑)	톨루엔	<0.5	>1.0
서양식 방 CZ선반 PB 엣지	포름알데히드	0.1	>0.15
키친 매단 선반 T	포름알데히드	0.12	>2.0
키친 매단 선반 T B	스티렌	<1.0	>2.0

개선사례 3

내가 아는 L씨는 자택 부엌의 내장을 리모델링했다. 그 후 눈이 아파지거나 목이 싸해지거나 쉽게 피로해지는 등의 증상이 계속되어서 실내의 공기를 Active법으로 VOC류와 포름알데히드류를 측정했다. 또 간이측정법에 의해서 포름알데히드 농도도 조사했다. 당일은 기온이 낮고 비가 내리는 추운 날이었다. 그러나 방에 들어가면 실내의 공기는 포름알데히드 냄새가 나고 이것이 도대체 어디서부터 오고 있는 것인지를 찾아보아야 했다.

가족이 말하듯이 가구 앞이나 부엌의 구석에서 소형 펌프를 사용해서 실내 농도를 채취한 그 데이터에서는 톨루엔 등의 VOC는 적었지만, 포름알데히드가 0.12ppm 검출됐다. 공사내용을 들어보니 벽 공사는 문제가 없지만, 바닥재 공사에서 합판을 전면적으로 바꿨다는 것과 쿠션 바닥재로 바꿨다는 것을 알았다. 그래서 쿠션 바닥재를 벗기고 합판과의 사이에 간이측정기에 의해 포름알데히드 측정을 하자, 검지관에서 0.30ppm의 수치가 나왔다. 즉 이 마루 바닥재 공사의 합판은 F2 정도의 것을 사용한 것이다.

원래는 이 합판을 바꿔야겠지만, 대규모 공사라는 점에서 앞에 서술한 인테그라 도료를 합판에 도장하고 3~4일 방치 건조하고 나서 쿠션 바닥재를 붙이도록 권유했다. 2주 후에는 거의 포름알데히드의 냄새도 느껴지지 않았고 가족의 건강도 되찾았다. 내가 새집증후군 문제를 직접 다루고 있는 것을 아는 만큼, 시공 후 빨리 리모델링을 할 수 있었던 것도 피해가 커지지 않고 끝난 큰 이유이다. 또 근처의 시공업자에 의해 빨리 또한 저렴한 비용으로 개선공사를 할 수 있었다.

개선사례 4

어느 그리스도 교회의 사례이다. 거기에서 자선음악회가 있어 돕기로 되어 있었다. 음악회가 끝난 후 정리할 때 유치원에서 사용하고 있는 북쪽 벽 측의 수납실에 들어가자마자 강한 포름알데히드 냄새를 느꼈다. 살펴보니 벽 천장 둘 다 합판을 붙인 채였다. 포름알데히드 농도는 직감으로 0.2~0.3ppm(6월) 정도로 생각된다(참고로 0.08ppm 정도부터 냄새를 느껴 0.4ppm 정도에서 눈이 따끔따끔하거나 0.5ppm 정도에서 목이 아파지는 경우가 많다고 보고되고 있다). 들어보니 이 건물은 건축 후 7년이 지났는데도 불구하고 이 수납방이 항상 냄새가 나서 걱정이었다는 것이다.

이것 때문에 유치원 아동에게 새집증후군이 일어나도 이상하지 않을 정도이다. 지금까지 원아에게 피해가 생기지 않는 것이 다행이다. 바로 목사와 상담해서 인테그라 도료에 의한 목재부분 개선공사를 했다. 이렇게 해서 이 유치원의 7년간의 문제가 해결됐다.

이상 몇 개의 도료에 의한 개선사례를 나타냈지만, 여기에 이르기까지는 몇 개의 시트나 겔화 제, 흡착제, 환기, 공기청정기를 시도했다. 모두 부정하는 것이 아니라 부분적으로는 효과가 있지만, 확실한 효과를 얻었다고 확신하기에는 부족하다.

본인은 공사와 함께 새집증후군의 건물을 여러 곳을 보며 돌아보고 있다. 1년간 20건 이상 보며 다녔다. 그 중에서 앞에 기술한 기본적인 개선을 행한 것도 있는가 하면 일단 환기팬을 붙이는 것만으로 개선한 것도 있다. 어떤 개선법을 사용할 것인가가 어려운 부분이다.

개선사례 5

최근의 사례로, 건축 20년 된 집에서의 곰팡이 대책으로서 곰팡이 방지제를 마루바닥재에 처리하고 우레탄수지를 단열주입 발포한 리모델링의 집이다. 여기에서는 마루바닥재 아래에서 방부제를 스프레이 도포하고, 나아가 마루바닥재 아래에 수지 주입을 한 직후 거주자의 건강이 손상됐다는 것이다. 다다미를 들면 마루바닥재 아래의 빈틈에서는 주입발포제가 나무 틈에서 넘쳐서 다다미에도 수지가 달라붙어 있었다.

Active 측정결과에서는 고농도의 IPA(isopropyl alcohol)와 염소계 용제가 검출됐다. 이것에서 스프레이 도포한 방부제가 실내와 다다미에 스며들었다고 생각되었다. 지금까지 없었던 고농도의 IPA가 검출된 것은 약제에 배합되어 있는 알코올에서 방산된 것이라고 추정되었다. 지금까지 다른 집에서는 없었던 알코올류가 고농도 검출된 것으로부터 당연히 분자량이 크고 증기압이 작은 약제성분이 잔류하고 있다고 간주할 수 있다.

거주자가 특히 마루바닥재 아래 수납부와 일본식 방에서 걱정하는 것은 이 유기염소계 약제의 영향이다. 또 수지 주입 직후에 목의 통증이 일어난 것은 미반응의 이소시아네트의 가스에 의한 것일 것이다.

의사의 진단으로는 유기인계 화합물에 의한 증상은 보이지 않는다. 하지만, 만약을 위해서 다시 이 집의 실내에서 유기염소계 약제와 함께 유기인계 화합물을 'ORBO-49P'의 포집관을 이용해서 채취하고 분석하였다. 이 집은 다음과 같이 개선했다.

① 다다미는 모두 제거하고 일본식 방의 마루바닥재판도 전면적으로 바꾼다.
② 바닥재도 모두 벗기고 바꾸는 것과 함께, 환기팬을 각 방에 설치한다.

개선사례 6

톨루엔류가 원인인 새집증후군을 개선한 사례이다. 7평 정도의 응접실 사이의 벽에 표면 가공한 목질 보드를 합성고무 용제형 접착제를 이용해서 시공했다. 시공 직후부터 이 방의 주인의 상태가 좋지 않고 가슴이 죄어오는 듯이 아프다는 것이었다. 연락을 받고 시공으로부터 20일 후에 이 사무실을 조사했다. 리모델링한 응접실과 다른 사무실의 공기를 Active법에 의해서 VOC와 포름알데히드를 측정했다. 그 결과 응접실에서 접착제중의 성분인 톨루엔, n-헥산 n-hexane, 초산에틸 ethyl acetate, MEK가 확실히 검출됐다.

조사하러 방문한 날, 응접실은 마치 합성고무 용제형 접착제를 스프레이 도포하는 작업장처럼 n-헥산 등의 악취가 충만해 있었다. 이러한 벽 보드 시공에는 종래부터 합성고무 용제형 접착제가 사용되고 있지만, 이 경우에서는 다음의 것을 생각할 수 있다.

① 시공시기가 12월 말의 실온이 낮을 때이다.
② 접착제 사용 시에 충분한 환기가 취해지지 않았다.
③ 빌딩 전체가 기밀성이 좋은데다 응접실은 창도 없이 공기가 유통하는 부분은 천장에 있는 전열교환형 환기기기뿐이다.

이 현장 안에 어떻게 접착제의 용제(VOC)를 저감할까 라는 과제에 직면했다. 그 결과 그림 5-3에 나타냈듯이 방의 중앙에 있던 천장부의 점검구를 체크하고 당일 그 점검구에 큰 환기팬을 설치하기로 했다. 본래는 방의 벽에 환기팬을 붙이고 duct로 공기를 밖으로 내보내면 괜찮지만, 벽이 두꺼운 훌륭한 빌딩인 만큼 공사도 어렵고, 시간도 걸리고, 응접실은 매일 사용된다는 점에서 전면적으로 보드를 벗기고 다시 시공하기에는 물리적으로 어렵다고 생각되었다.

실내 측정 장소는 방의 중앙과 공기가 고이는 안쪽의 텔레비전대 부근, 방의 구석, 시공한 벽 보드의 연결부(로트와 튜브 사용)의 4곳이다. 이렇게 해서 환기팬을 설치한 후, 1개월 반, 4개월 후의 2회 실내농도를 측정하고 접착제중의 VOC가 감소한 것을 확인했다. 나아가 환기팬을 멈춘 상태에서 실내공기를 측정하고 톨루엔의 방산농도가 $100\mu g/m^3$가 되는 것을 확인한 후 환기팬을 제거했다.

저감대책

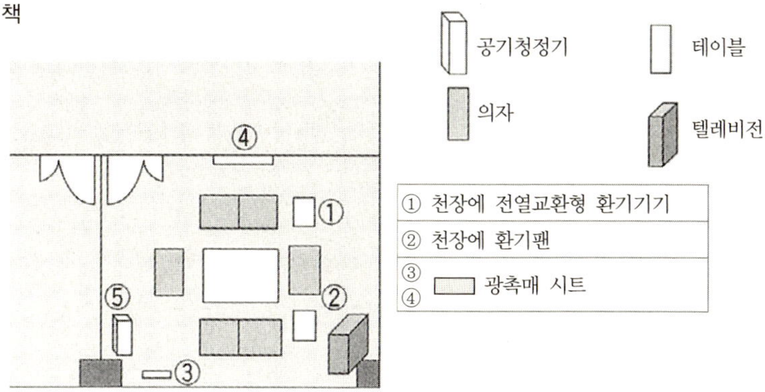

① 전열교환형 환기기기	② 환기팬	③ 광촉매 가공시트	④ 공기청정기
	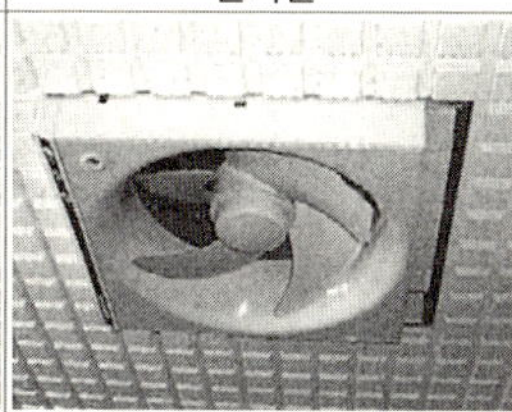	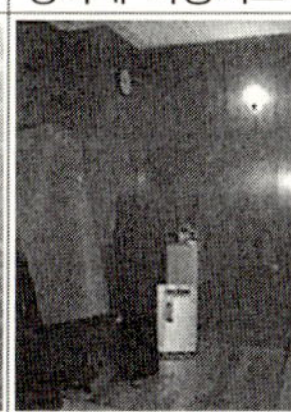	
이미 설치 끝	1월13일 측정후 설치. 점검구를 이용. 제거 예정	광촉매 시트 올림 (2곳)	

그림 5-3 개선 기기의 설치 위치

여기에서는 다음의 개선방법을 취했다.

① 점검구에 환기팬을 설치하고 24시간 작동시킨다.

② 특별히 설계된 공기청정기를 2대 두고 방산한 VOC를 분해시킨다.

③ 응접 의자의 등이나 벽에 광촉매 시트를 설치하고 VOC를 흡착 분해한다.

이 3개의 방식이 어느 것도 어느 정도로 효과적이었는지는 충분한 검증이 이루어져 있지 않았지만, 적어도 공기가 고인 부분에 흡착 분해하는 것을 두는 것은 어느 정도 효과가 있을 것이라 생각되었다.

이 경우에서는 전열교환형 환기기기를 이용하는 것도 검토해 실제 담배연기를 이용해서 공기의 활동을 조사했다. 배기 · 흡기가 같은 위치에 있는 전면교환형 환기기기에서는 흡기가 강하지만, 배기구 바로 근처의 연기만 흡입하는 짧은 순환을 해서 방 전체의 VOC를 배출하는 효과가 없는 것을 알 수 있었다. 이 부분이 자주 언급되는 전면 교환형 환기기기의 환기가 있기 때문에 충분히 배기는 할 수 있다"라는 설비회사의 설명에는 약간 의문을 갖은 점이다. 이번에도 12월의 시공 직후부터 전열교환형 환기기기는 가동하고 있지만, VOC는 거의 빠지고 있지 않은 상태다. 이 응접실은 문이 1개뿐이지만, 다행히 문 아래가 15mm 정도 올라온 "under cut"이 되어 있는 것에서 환기팬을 가동시키면 이 문 아래에서 강한 바람이 들어 왔다.

이렇게 해서 5월의 측정결과를 바탕으로 5월 말에는 환기팬도 광촉매 시트도 제거했다. 주인의 건강도 좋아져 무사히 해결한 사례이다.

이 사례의 측정 데이터를 표 5-4에 나타내었다. 환기 1개월 후 데이터에서는 톨루엔보다도 비점이 낮은 n-헥산이 많이 나온 것이 걱정되었다. 통상 n-헥산은 비점이 낮아 빨리 휘발한다고 생각하고 있지만, 이것은 톨루엔의 쪽이 n-헥산보다 비점은 높더라도 증기압이 크기 때문에 목질 보드 내부에 잔재하고 있던 톨루엔이 먼저 휘발하고 그 후부터 숨어있던 n-헥산이 휘발한 것으로 생각된다. n-헥산이 포함된 접착제로 종이와 천을 접착했는데, n-헥산의 악취가 3일~4일간 정도 남은 적이 있다. 제2장에서도 서술했듯이 VOC는 비점만이 아니라 증기압에도 주의하여야 한다.

이상 6개의 리모델링 사례를 소개했다.

실은 리모델링 사례 6과 같은 사례가 2002년 9월에 발생했다. 그것은 마침 새 학교에서 문제가 된 북쪽 지역의 초등학교에서 가까운 곳에서의 리모델링 공사였다. 3평 정도 공간의 실내 내장공사로 앞이 사례와 완전히 동일한 합성고무 용제형 접착제를 사용해서 벽 모두에 멜라민 melamine 화장판을 시공한 것에서 실내에 유기용제가 잔류했다는 것이다.

시공업자로부터 전화를 받고 2곳에 환기팬을 설치할 것과 (주)신주 세라믹스의 지인에게 광촉매 시트를 수m^2 수배해서 벽에 걸 것을 지시했다. 현장의 측정을 행할 것을 권유했지만, 방이 작았던 것과 환기팬 등이 잘 작용해서 1개월 후에는 악취는 거의 없어졌던 것으로 안심했다.

표 5-4 측정 데이터 (경시변화)

분석물질 μg/m³	측정 월	측정 장소				①	②
		TV 근처 (90cm)	공기청정기 근처 (90cm)	TV대 안쪽 (마루바닥재 면 TB 사용)	좌 안쪽벽면 (로트 사용연결부)	화기 팬을 연일 운전한 채로 측정	환기팬을 멈추고 90분후에 측정
toluene (후생노동성 지침수치 260μg/m³)	1월	436	442	205	261	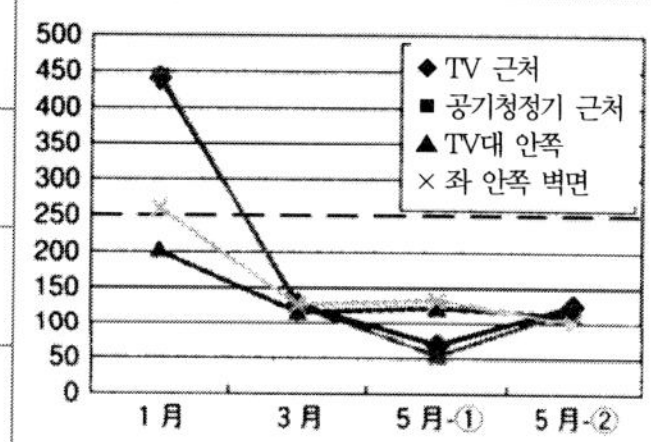	
	3월	128	123	117	131		
	5월-①	71	58	122	136		
	5월-②	121	115	113	101		
n-hexane	1월	5	5	6	11	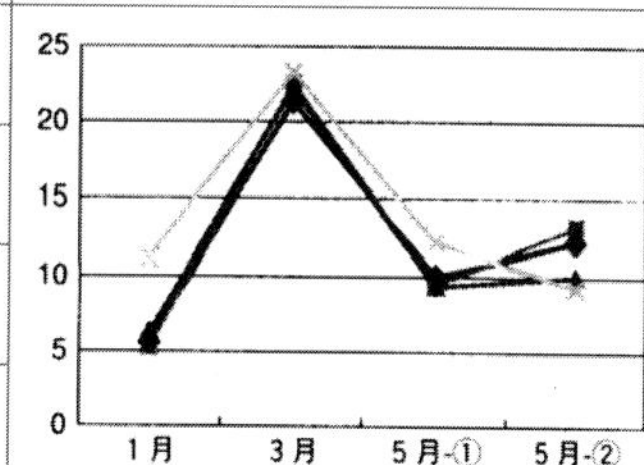	
	3월	21	22	22	23		
	5월-①	10	9	9	12		
	5월-②	12	13	10	9		

이러한 내장보수공사에서의 용제계 접착제나 도료에 의한 새집증후군이나 새 학교문제는 이러한 곳에서 일어나고 있다. 내 회사가 들어와 있는 빌딩도 2년 전에 상부 층에 있는 회사의 임원실 내장보수공사에서 톨루엔이 포함된 합성고무 용제형 접착제를 대량으로 사용하고 화장판을 시공하는 내장공사가 있었다. 공사 중에는 창문도 열지 않고 행했기 때문에 아래층이나 엘리베이터 내에 1주간 정도나 톨루엔이 가득 차는 일이 일어났다. 공사 책임자와 빌딩 관리회사에 불만을 제의했지만, 신변에 이런 일이 일어날 것이라고는 생각지도 않았다.

이처럼 개선공사의 종류는 다양하다.

3 개선방법

(1) 바닥재에 얽힌 문제

서양식 방의 바닥을 바꾼 후에 악취가 난다는 사례가 몇 개나 있다. 이 경우 생각되는 원인은 다음 2가지이다.

① 바닥재의 포름알데히드

② 바닥재의 시공에 사용한 고무 용제형 접착제의 톨루엔류

우선 ①의 포름알데히드 농도가 높은 경우에는 바꿀 수밖에 없다. 그러나 그다지 높지 않은 경우는 반 년 이상의 강제 환기를 권유한다. 물론 환기를 계속 하면서 바닥재 위에 포름알데히드 흡착 시트를 붙이고 나아가 쿠션 바닥재를 붙이는 방법도 있다.

②의 경우에는 사용된 접착제의 MSDS와 성분표에서 톨루엔의 함유량 %와 실제로 방의 톨루엔 농도를 조사한다. 농도가 500$\mu g/m^2$(0.15ppm) 정도라면 그 방을 사용하지 않고 3~4개월 간 강제 환기를 권유하고 있다.

전에 같은 문제가 일어났지만, 그 때는 방을 매일 환기해 주면서 매월 톨루엔 농도를 측정했다. 3개월 후에는 일단 수습됐다. 이러한 세밀한 추적에 따라서 사용자도 일단 승낙하고 안심하는 것이다. 현실에는 톨루엔 포함의 마루 바닥재용 나무 접착제로 바닥을 시공한 것에 의한 사고가 약간 있다.

이러한 리모델링이 모든 방에 적용되면 문제는 다르다.

(2) 일본식 방인 다다미에 관한 사례

일본식 방에는 다다미가 있다. 어느 신축 집에서는 이 다다미에 유기인계 화합물인 펜티온 fenthion이 사용되어 있었다. 펜티온은 살충제로 2003년 9월의 암수지재에서 실내물질로의 사용불가의 판결이 나왔다. 이러한 펜티온은 여러분 집의 다다미나 다다미 아래의 방충시트로서 사용되고 있는 경우도 많다. ('농약 Handbook' 참조) 이 펜티온이 사용되고 있으면 겨울의 난방을 켰을 때나 온도가 높은 여름에는 다다미 안에서 펜티온이 실내로 방산된다. 그

결과 이 방에서 매일 자고 있는 사람은 신경계를 손상 입어서 매우 위험하다.

> '펜티온이 사용되고 있는 다다미와 아래의 판자는 즉각 폐기할 것'

아파트 등에서 콘크리트 위에 합판이 버려져 있을 때, 우선 다다미는 즉각 폐기하고 다음에 펜티온 등의 유기인계 살충제나 유기염소계 살충제가 스며들어 있다고 생각되는 바탕의 판자나 합판도 바꾸는 것이다. 펜티온 같은 물질은 장기적으로 살충제로서의 효능이 있어 단순히 다다미를 바꾸는 것만으로는 유기인은 없어지지 않는다. 펜티온은 다다미 안에 확실히 스며들어 있는 것과 함께 바탕의 목질부에도 침투해 있다. 유치원의 리모델링 사례와 같다. 톨루엔도 포름알데히드도 바탕 보드에도 스며들어 있기 때문에, 더욱이 비점 290℃의 유기인계 화합물 등은 톨루엔보다도 방산하기 힘들어 언제라도 잔류한다. 따라서 바탕의 목부도 즉각 바꿔야 한다.

(3) 마루바닥재 아래에 뿌려진 흰개미구충제

건축 15년~20년 된 낡은 집에서는 마루바닥재 판 위에 다다미가 그대로 깔려 있는 것이 많다. 최근에도 기존 공법으로 지어진 것은, 다다미 아래는 합판이 버려진 것이 없이 바닥재판의 빈틈에서 공기가 흐르기 쉬운 것이 많이 보인다.

이러한 집에서는 가령 바닥재판에 클로르피리포스 chlorpyrifos나 디아지논 diazinon, 말라티온 malathion, 그리고 펜티온 fenthion, 페니트로티온 fenitrothion 등의 흰개미구충제나 살충제 등이 직접 도포되어 있지 않더라도 마루바닥재 아래에 도포된 약제는 마루바닥재 판과 다다미를 통해서 방에 들어온다. 그것에 의해서 거주자의 건강에 해를 입는 것이다. 몇 번이나 말했듯이 유기인계 화합물, 유기염소계 화합물의 독성은 톨루엔이나 포름알데히드는 비교되지 않는다.

이 같은 경우 비닐 시트 등의 다다미 밑에 깔아서 마루바닥재 밑에서의 약제 진입을 방지하는 것과 함께, 가능하면 마루바닥재 밑을 콘크리트로 굳히는 것이다. 저자가 아는 Y선생님의 병원은 마루바닥재 밑에 콘크리트를 흘려 넣어 유기인계 화합물의 방산을 방지하였다. 특히 마루바닥재 밑이 흙인 경우는 콘크리트로 마루바닥재 밑을 굳히는 것이 가장 효과적이다. 지금까지 봐 온 집에서 몇 번일 것 없이 이 방법을 권유하고 있지만, 대부분의 사람은 이러한 유기인계 화합물의 공포를 심각히 느끼고 있지 않는 듯하다.

저자가 모 집의 마루바닥재 아래에 들어가서 흰개미구충제로 손상 입었을 때, 의사로부터 클로르피리포스는 20년간 그 효능이 있는 것이기 때문에 낡은 집이라도 마루바닥재 아래에는 들어가지 말라는 충고를 받았다. 이러한 착실한 개선방법이 여러분의 건강을 유지시키는 것이다.

4 정리

이상으로 리모델링 사례와 방법에 대해서 서술했지만, 새집증후군의 개선방법은 다양하게 제안되어 있다. 그러나 실제로 신문지면을 떠들썩하게 하고 있는 많은 새집 사례에서 필름이나 조개껍질의 분말, 비장탄(역자주: 밤나무의 일종을 탄재하여 비장가망에서 구워 낸 백탄), 관목의 탄 등을 사용해서 학교나 유치원, 신축 주택의 전면이 개선된 실례를 그다지 듣지 않았다.

카탈로그에 보이듯이 포름알데히드나 VOC가 흡착 분해하는 효과가 있다면 실제 현장에서 좀 더 사용되어도 좋을 것이고 학교의 문제 등은 한 번에 처리되겠지만, 학교 1동이나 신축주택 2동의 개선은 그렇게 간단하지는 않다는 것이 나의 체험이다.

각종 오염물질 방산 저감 기능성 물질은 적은 부분이나 바탕의 목질 보드에서 포름알데히드가 실내에 방산되기 전이라면 방어효과는 있겠지만, 고농도의 포름알데히드, 아세트알데히드, 톨루엔, 크실렌, 나아가 클로로피리포스 등의 유기인계 화합물을 감소시키는 효과는 없고 결국, 전면적으로 바꿀 수밖에 없다고 생각된다.

표 5-5에는 개선에 효과가 있다고 하는 흡착 분해성 물질을 나타내었다. 다음에 각각 약간의 설명을 하였다.

표 5-5 개선과 대책방법

	일시적 효과	장기적 효과	비고
베이크아웃	○	×	낮은 곳에서 하면 VOC나 포름알데히드 농도가 올라간다.
광촉매 시트	○	△	선택은 어렵다
광촉매 포(커튼)	○	△	선택은 어렵다
포름알데히드 캐처제 (amine계 · diazo계)	○	?	아민계는 염증 일어나는데 주의, 리모델링에는 사용하지 않는다.
포름알데히드 캐처제 (chitosan)	○	?	장기 기능 확인 없음
포름알데히드 캐처제 (urea:요소 수지)	○	?	리모델링에는 사용하지 않는다.
포름알데히드 캐처 필름	△	△	가격 싸고 안전(1년 정도)
소취 젤	△	?	1개월로 없어진다.
숯	△	×	1주간마다 끓여서 건조가 필요
목초액	○	?	상세하게는 불분명
죽초액	○	?	상세하게는 불분명
흡착도료(apatite)	◎	○	인테그라
흡착분해도료	○	△	1년으로 가득 차는 것이 많아 베이크아웃이 필요한 것도 있다.

※ 각종 방법이 있지만 결정적인 방법은 적다. 스스로 확인해서 납득하는 것이 중요하다.

1) 베이크아웃 bake-out

베이크아웃은 실내의 온도를 40~50℃까지 가온해서 한 번에 환기해서 포름알데히드나 VOC를 감소시키는 방식이다.

이 베이크아웃방식은 저비점의 유기용제[MEK, 아세톤, THF(tetrahydrofuran), n-hexane 등]에는 어느 정도 효과는 인정된다. 그러나 톨루엔, 크실렌, 스티렌, 미너럴 스피릿 mineral spirit, 텍사놀 texanol 등의 고비점의 VOC에서의 저감 효과는 의문이다. 또 목질 건축재 중의 포름알데히드는 부분적으로는 방산하겠지만, 5~7 적층의 적층품인 합판류에서는 간단하게 포름알데히드는 방산되지 않는다.

오히려 자고 있는 아이를 깨우는 듯한 것으로, 오히려 그 후의 포름알데히드의 방산을 촉진할지도 모른다. 베이크아웃 직후의 포름알데히드 농도는 내려가지만, 1주간이나 하면 원래로 돌아가든가 오히려 베이크아웃 전보다 높아지는 경우도 있다. 베이크아웃은 그 특성을 충분히 이해하고 채용해야 한다. 포름알데히드 농도가 훨씬 높은 가구 등은 1~2개월간 베이크아웃하면 좋겠지만, 그 정도까지 하면 가구가 휘어지기도 한다.

2) 광촉매 시트

광촉매 시트는 다양하지만, 분해 대책물질이 광촉매 시트에 접촉하고 빛이 닿으면서 분해기능을 발휘하기 때문에 그 사용법이 포인트가 된다. 형광등의 빛(자외선)으로 사용하는 것도 있는가 하면, 태양 빛(자외선)이 없으면 충분히 작용하지 않는 것도 있기 때문에 주의가 필요하다. 최근에는 가시광선형 광촉매도 개발되고 있다. 또 분해능력은 VOC류 등의 양에도 영향을 받는다. 저자는 지인 회사의 인회석 apatite 포함 시트를 잠시 사용했다. 신문에도 소개되어 있던 것이다.

지푸라기라도 잡는 생각으로 이 시트를 지인이 나눠 줘서, K씨가 근무하는 사무실에 놓아 봤다. 어느 정도의 효과는 있었던 듯하다. 또, 바닥에 깔아 두어 시트가 있는 장소에서 생활을 하면 포름알데히드에 의한 가려움은 어느 정도 일어나지 않는 효과는 보였다. 그러나 이 시트는 적극적으로 VOC나 포름알데히드를 흡착 분해하는 것이 아니라 가끔 나온 것이 시트 표면에 걸리면 흡착 분해하는 수동적 작용의 제품이다.

앞에 서술한 사무실에서는 일단의 효과는 있는지 없는지 확실하지 않다. 그러나 이 사무실에서 4개월 사용한 시트를 8월에 문제가 있는 맨션에 가져와서 방에 설치하자 거주자로부터 냄새가 지독하다고 들었다. 즉 사무실에서 사용했기 때문에 충분한 빛을 받지 못하고 톨루엔이나 n-헥산의 VOC류가 이 시트에 흡착해서 분해되지 않은 채였던 것이다.

이처럼 광촉매 시트는 재료측면에서의 개량은 물론이고 새집증후군이나 새학교증후군 등의 3차원 공간에 적용하기에는 응용에 적합한 사용법 연구가 필요할 것이다. 또한 커튼 타입으로 해도 그렇다.

3) 포름알데히드 캐처 catcher제

포름알데히드 캐처제로서는 아민 amine계, 디아조 diazo계, 키토산 chitosan계 요소 urea수지계, 인계 등이 있다. 특히 이번의 건축기준법개정에서 F☆☆☆☆의 보드류 대부분은 아민계나 디아조계 화합물을 보드로 처리하고 있는 것이 대부분이다. 비용이 싼데 비해 효과가 있고 지속성도 있지만 장기적 효능은 아직 설명되지 않는다. 금후 아세트알데히드의 캐처제로서도 유효일까라고 말하고 있다. 가장 간단한 것은 요소수지이다. 그러나 이러한 포름알데히드 캐처제는 일반주택의 개선에 사용되는 경우는 적을 것이다.

4) 포름알데히드 캐처필름 catcher film · 시트

포름알데히드를 캐처하는 필름이나 벽지 등이 다수 발매되고 있다. 이것들의 대부분은 아민계나 디아조계 화합물 등을 필름이나 시트로 넣은 것이다.

한때 저자는 K사의 포르말린 캐처 필름 formalin catcher film을 나눠줘서 몇 개의 경우를 시험해 봤다. 벽지에서 나온 포름알데히드에 대해서는 이 필름을 붙여두는 것으로 방산해 온 포름알데히드를 캐처해 준다. 그러나 이 필름도 흡착능력에 한계가 있어 1년 정도 포화가 되어 그 이상의 흡착능력은 없다.

한편 이 필름을 K씨가 근무하는 사무소의 유럽제 고급가구(포름알데히드 냄새가 강하고 품질적으로는 결함 제품)의 서랍이나 선반에 깔아줬지만 3개월 지나서도 효과는 보이지 않았다. 솔직히 가구와 같은 입체물에서는 포름알데히드가 곳곳에서 방산하기 때문에 거의 효과가 보이지 않는다. 물론 VOC 흡착효과는 없다.

이러한 포름알데히드 흡착 필름이나 벽지는 면부분만 사용하면 어느 정도 효과는 있다. 바닥재라며 그 위에 필름을 깐 후에 쿠션 바닥재를 두는 방법도 있다.

5) 소취 겔

이 겔 타입은 닫아둔 상자 속에 판자를 넣어서 시험한 경우, 포름알데히드에서는 방산농도가 20~30% 감소했다. 그러나 실제로 앞에 서술한 가구가 되면 그 효과만큼은 의문이다. 왜냐하면 가구류는 단순히 표면 화장만이 아니라 모든 부분에서 포름알데히드가 방산하게 된다. 서랍에 500g의 소취 젤을 두었지만, 포름알데히드의 감소효과는 보이지 않았다. 이처럼 넓은 면적이 되면 정말 어디까지 효과가 있는 것일까.

제조사의 시험 데이터에서는 상당한 효과가 있는 것처럼 기재되어 있지만, 2평의 방에서 실제로 몇 kg 정도 두면 효과가 있는지에 대해서도 불분명하다.

이러한 겔 타입을 어느 병원의 개선공사 시에 선반 안에도 설치하고 효과 정도를 시험했던 적도 있었지만, 뒤에서 조사하면 효과는 보이지 않았다고 한다.

저자도 몇 개의 아파트나 집에서 실험해 봤지만 3주간 정도로 그 성분이 휘발해 버리기 때문에 근본적인 개선법과는 거리가 멀다고 할 수 있다. 1kg당 5만원 전후하는 것을 도대체 몇 kg 설치하면 좋을 것인가의 자료가 없다.

6) 숯

숯에는 활성탄처럼 작은 구멍이 무수히 있는 것에서 이 구멍에 포름알데히드나 VOC가 흡착된다. 숯이 갖는 성질을 이용한 새집증후군 대책은 폭넓게 인기가 있다. 나도 이러한 이유에서 자주 새집증후군의 집에 사용해 봤다. 현재, 새집증후군인 듯한 집에 가면 반드시 방에 숯을 놓아두고 있다. 일본목재

학회에서도 “숯에 의한 흡착효과…”라는 제목으로 되는 발표가 항상 몇 개나 보인다.

숯에는 흡착효과는 있지만 분해기능은 없다. 일단 흡착능력이 가득 찬 숯은 열탕에서 끓여서 내부 흡착물을 방출시켜 건조 후 다시 사용하는 것이 최고다. 나의 집에서도 주전자에 숯을 넣고 뜨거운 물을 끓이고 있지만 때때로 태양에서 건조시키고 있다.

이렇게 생각해 보면 숯을 두지 않는 것보다 더 좋지만, 부지런히 follow up해 주지 않으면 효과는 나오지 않는다. 특히 바닥재 아래의 조습작용은 의문이다. 물을 흡수하면 오히려 나중에 습기를 불러일으키게도 될지도 모른다. 숯은 오히려 흡기구에서 외부의 냄새를 제거하고 신선한 공기를 받아들이기 때문에 필터로 사용하는 것이 좋을지도 모른다.

바닥재 아래에 놓아진 숯은 흡착효과는 있지만 분해작용은 없고 1주간마다 부지런히 열탕처리, 건조가 필요하다는 것을 잊어서는 안 된다.

7) 목초액 · 죽초액

목초액이나 죽초액은 살균과 다소 소독작용이 있는 듯하다. 그러나 새집증후군이 됐을 때에 포름알데히드나 톨루엔 등의 VOC를 감소시킬 만큼의 효과에 대해서는 의문이다. 저자의 경험에서는 포름알데히드 등으로 피부가 가려워질 때에 죽초액을 바르면 가려움증이 낫는다. 그 점에서 피부에 위험한 부신피질 호르몬의 연고를 바르는 것보다 안전할지 모른다. 그러나 초산액인 것에서 포름알데히드가 나오지 않더라도 아세트알데히드가 나올 가능성은 있기 때문에 사용에는 충분한 주의가 필요하다.

마트나 자연식품의 가게에는 각종 목초액아니 죽초액이 진열되어 있다. 물론 목재학회에서의 보고도 있지만 일시적으로는 흡착효과는 있더라도 장기적인 효과는 의문이다.

8) 흡착 · 분해도료

최근 몇 개의 도료회사에서 포름알데히드 · VOC 흡착도료가 나오고 있지만, 실제로 조사해 가보면 흡착은 하지만 분해에 이르지 않는 것이 대부분이다. 모 사의 제품이 좋다고 권장됐지만, 1년 후 그 회사의 설명회에서 "흡착한 성분은 어떻게 될까?"라는 질문에 대해서 "1년 후는 베이크아웃이 필요하다"라고 대답했다.

이처럼 흡착 효과능력이 있더라도 분해성이 없기 때문에 큰일이다.

(주)대일본도료의 인테그라를 선택한 것은 저자가 아니라 병원의 리모델링시에 가끔 페인트 쇼가 행해지고 있어 시공업자에게 좋은 것을 선택하라고 말한 것에 불과하지만, 결과적으로는 정답이다.

앞에 서술했듯이, 이 도료는 포름알데히드나 VOC의 흡착 · 안정화라는 점에서는 현재 있는 것 중에서는 가장 우수하다고 말할 수 있다. 굳이 결점을 든다면 ① 투명한 것이 없다. ② 표면에 윤이 없이 거칠거칠한 느낌이 있고 신발장 등에서는 더러워지기 쉽다. ③ 3회 도포가 필요하다 등이다. 비용도 싸고 최근 1년 반 동안 이 도료에 의한 개선은 모두 성공이었다.

무엇보다 이 도료에도 아크릴수지가 사용되고 있는 것에서 도포 후는 1주간 정도의 건조가 필요하다. 더욱이 화학물질과민증 사람은 스스로 도장 후의 냄새를 사전에 확인하고 선택한다.

이상 오염물질 저감방법에 대해서 서술했지만 좀처럼 결정적인 방법이 되는 개선물질은 적다고 한다. 흡착 · 분해 보드라 하더라도 그 보드 표면에 화장단판 재료의 포름알데히드나 바탕에 사용된 합판의 포름알데히드를 흡착 분해하는 정도로 생각된다. 모두 환기와 병행해야 조금 더 화학물질의 감소에 효과가 있다고 생각된다.

포름알데히드의 흡착 분해기능을 갖는 것은 상당히 개발되어 있지만 톨루엔이나 크실렌류가 되면 좋은 것이 발견되지 않는다. 바로 유기인계 화합물이나 프탈산에스테르류를 흡착 분해시키는 것은 전혀 없다고 생각된다. 향후 훌륭한 광촉매계에 기대할 것이다.

06

새집증후군을 둘러싼 동향

1 건축기준법 개정

새집증후군을 둘러싼 일본의 큰 활동은 2003년 7월의 건축기준법의 개정일 것이다. 저자도 이번의 건축기준법 개정에는 경제 산업성의 포름알데히드 formaldehyde 등 시험방법의 표준화위원회 위원으로서, 또한 모 공업협회의 JIS 개정위원회가 주가 되서 조사함으로써 1년 반 동안 이 작업에 관여해 온 만큼 무언가 수습됐다는 느낌이다.

이번 건축기준법 개정의 주요 포인트는 다음 3가지 점이다.

- 클로르피리포스의 사용금지
- 포름알데히드 방산 건축재의 사용제한
- 환기설비 의무화

이미 알고 있을 것이라고 생각되지만, 다시 한 번 건축기준법 개정에 대해 설명을 하고자 한다. 덧붙이면 가구류의 표면적은 마루바닥재 면적의 3배라 알려져 있다.

(1) 포름알데히드의 제한

각종 건축재료는 포름알데히드 농도의 방산속도에 의해서 사용량이 제한된다. 건축기준법에서 나타내는 포름알데히드의 방산속도는 소형챔버법에 의한 것이다. 합판이나 각종 보드류, 도료 등은 데시케이터 desiccator법으로 측정하고 있다. 데시케이터법과 소형챔버법에는 약간의 상관관계는 있다.

원래 아세트알데히드 acetaldehyde나 톨루엔 toluene 등의 VOC는 챔버법을 이용해야 정확히 측정할 수 있고 ISO 16000도 챔버법으로 측정하고 있다. 그러나 이번의 포름알데히드 규제는 시간적으로 사이가 맞지 않는 것에서 잠정적으로 데시케이터법도 인지되어 있지만, 차기의 VOC의 측정에는 챔버법만 될 것이다.

건축기준법개정 후의 건축재료의 구분을 표 6-1과 표 6-2로 나타내었다.

표 6-1 건축재료의 구분(1)

포름알데히드의 방산속도 ($mg/m^2 \cdot h$)	고시로 인정되는 건축재료		F☆표시	장관 인정	내장마무리 제한
	명 칭	대응규격			
0.005 이하 (신 기준)	규제대상 외	JIS, JAS의 상위규격	F☆☆☆☆	제20건의 5제 4항	제한 없음
0.005초 0.02 이하	제3종 포름알데히드 발산재료	JIS, JAS의 구 E_0, F_{C0}	F☆☆☆	제20건의 5제 3항	사용면전의 제한
0.02초 0.12 이하	제2종 포름알데히드 발산재료	JIS, JAS의 구 E_1 F_{C1}	F☆☆	제20건의 5제 2항	사용면적의 제한
0.12초	제2종 포름알데히드 발산재료	JIS, JAS의 구 E_2 F_{C2}, 무등급	F☆		사용금지

소형 desiccator법 : 28℃, 50% (0.005$mg/m^2 \cdot h$)

표 6-2 건축재료의 구분(2) 각종 목질건축재(합판, PB, 섬유판, 집성재 외)

표시 구분	formaldehyde 방산수치		개정 후	개정전
	평균치	최대치		
F☆☆☆☆	0.3mg/L 이하	0.4mg/L 이하	등급3	
F☆☆☆	0.5mg/L 이하	0.7mg/L 이하	등급2	등급4 (E_0, F_{C0})
F☆☆	1.5mg/L 이하	2.1mg/L 이하	등급1	등급3 (E_1, F_{C1})
F☆	5.0mg/L 이하	7.0mg/L 이하	×	등급2 (E_2, F_{C2})
			×	등급1 (기타)

챔버법 : 23℃, 50%

■ 건축자재의 면적제한

건물의 기밀성의 구분, 거실의 종류, 환기설비의 구분 및 건축자재의 등급에 따라서 내장 마감재에 사용하는 포름알데히드를 방산하는 건축자재의 면적제한을 행한다.

■ 내장 마감재의 제한

거실의 종류 및 환기횟수에 따라서 내장 마감에 사용하는 포름알데히드를 방산하는 건축자재의 면적제한을 행한다.

■ 환기설비의 의무화

포름알데히드를 방산하는 건축자재를 사용하지 않는 경우에도 가구에서의 방산이 있기 때문에 모든 건축물에 기계 환기설비의 설치를 의무화하고 있다.

그림 6-1에 국토교통성이 제시한 주택 타입별 대응의 예를 나타내었다.

① 단독주택

다음의 Ⅰ~Ⅲ의 대책 필요

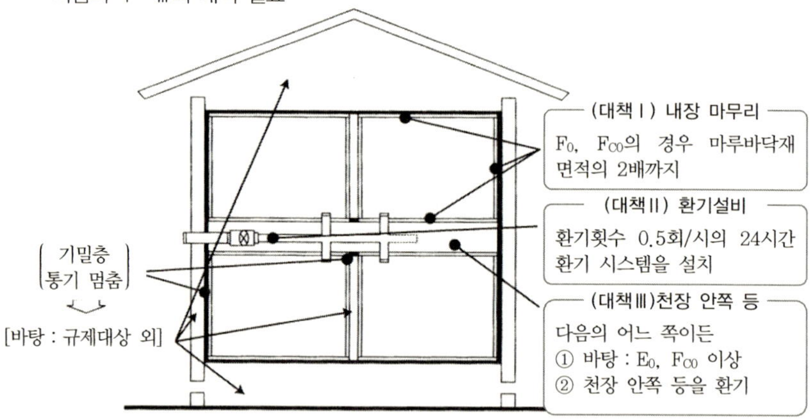

② 공동주택

다음의 Ⅰ~Ⅲ의 대책 필요

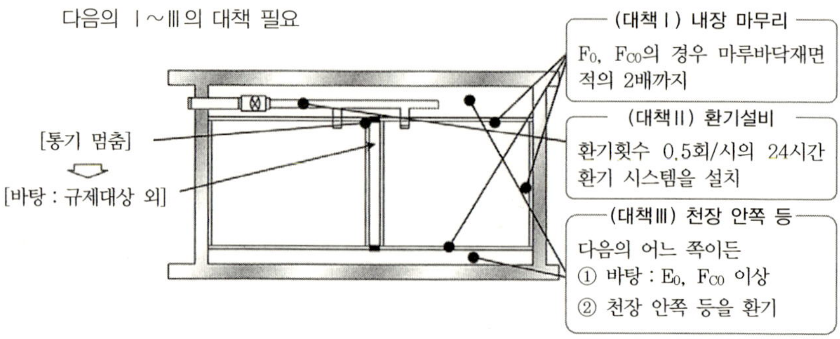

그림 6-1 주택의 타입별 대응법의 예

■ 천장 안쪽 등의 제한

천장 안쪽 등에 대해서는 바탕재를 포름알데히드의 방산이 적은 건축자재로 하든가, 기계 환기설비를 천장 안쪽 등에 환기할 수 있는 구조로 한다.

■ 지정 '건축재료(고시 대상 건축자재)'

국토교통성이 이번의 건설기준법 개정에서 고시 대상 건축재로 한 17개 품목을 표 6-3에 나타내었다.

① 합판, 구조용 합판 패널, 바닥, 파티클보드, 중질섬유판(MDF), 벽지, 녹말풀

② 요소 urea · 멜라민 melamine · 페놀 phenol수지계의 접착제, 도료 또는 마감재 등.

단, 시공 후 5년 이상 경과한 것은 제외한다. 이번 건축기준법의 적용이 되는 것은 17품목으로 이것들은 모두 JIS, JAS, 국토교통성 장관 인정, 자체관리규정의 어느 쪽에 의해 F☆☆~F☆☆☆☆의 분류등급을 표시한 것을 사용할 것.

■ 규제대상 외 건축재료의 예

① 천연목재, 무기질 건축자재, 금속, 자연소재(칠하는 벽 자재, 자연계 도료 등)

② '신 기준' 인정품(안) : JIS (E_0), JAS (F_{C0})의 상위 기준의 포름알데히드 5㎍/m² 이하의 것

③ '형식'적인 장관 인정을 받은 '부분'

④ 각 공업협회의 자체관리규정에 의해 F☆☆☆☆의 심사등록된 것

표 6-3 포름알데히드 방산 건축재 일람표 (국토교통성 고시 건축재, 2003년 3월)

	구 분	포름알데히드 발산 건축재	JIS, JAS 등
1	합판	합판	JAS 장관 인정
2	목질계 바닥	바닥	JAS 장관 인정
3	구조용 패널	구조용 패널	JAS 장관 인정
4	집성재	집성재	JAS 장관 인정
5	단판 적층재	단판 적층재	JAS 장관 인정
6	MDF	MDF	JIS 장관 인정
7	파티클보드	파티클보드	JIS 장관 인정
8	기타 건축재	포름알데히드계 접착제로 성형한 것	장관 인정
9	요소수지판	요소수지판	장관 인정
10	벽지	벽지	JIS 장관 인정
11	접착제(2차 가공 · 현장시공)	벽지 녹말계	JIS 장관 인정
		문용 녹말계	JIS
		요소수지계	장관 인정
12	보온재	글라스울 · 록울 보온재 외 페놀보온재는 장관 인정 뿐	JIS 장관 인정
13	완충재	떠 있는 마루바닥재용 글라스울 완충재 외	JIS 장관 인정
14	단열재	글라스울 · 록울 단열재 외	JIS 장관 인정
15	도료	조합 페인트 외	JIS 장관 인정
16	마무리 도재	합성수지 에멀션	JIS 장관 인정
17	접착제(현장시공)	초비닐용제 · 고무용제형	JIS 장관 인정

■ 규제되는 부위

거실의 벽, 마루바닥재, 천장(또는 지붕)의 실내에 면하는 부분의 마무리 및 개구부의 문(표 6-4). 거실은 사람이 항시 거주하는 부분을 말하고 화장실, 현관, 세면장, 욕실계단, 복도를 제외한 부분이다. 규제되는 거실을 표 6-5에 나타내었다.

표 6-4 건축재료의 정의(실내의 무엇이 규제대상인가)

건축재료 (규제대상)	벽장 책장(붙박이) 융단(펴 있음) 달린 찬장 벽, 마루바닥재 천장(천장이 없는 경우는 지붕) 창, 밖으로 내민 창 바닥을 한 층 높여 만든 곳 문, 맹장지, 미닫이 파티션(rail 부) 조명기구(붙박이) 방화문	(규제대상 외) 건축기준법→ 대상 외 조작제로서	융단 커튼 조명기구 가구 (자체기준) 파티션 천장과 중간 방 사이의 벽에 창문 낸 곳 붙박이 의자 시스템 키친(자체기준)

표 6-5 건물공간의 어디가 규제대상인가?

거실 (규제대상) (건축기준법 제2조4)	거실 침실 서제 사무실 DK, LDK, 부엌 벽장 마루바닥재 아래 수납 벽장 다락(loft) 체육관 극장의 객석	거실은 아니다 (규제대상 외)	복도 세면장 욕실 현관 베란다 공용복도 계단 로비

[참고] 규제대상이 되는 범위(구체 예)

■ 규제를 받는 면적분

사용제한을 받는 것은 거실의 면적이 부분이고 마루바닥재 면적의 1/10이상이 부분으로 1/10의 1이하의 부분에 대해서는 제한을 받지 않는다.

즉 기둥, 벽 아랫부분, 여닫이문 위쪽의 가로대, 문지방, 문틀 재료 등의 선적인 부분은 제한을 받지 않는다. 따라서 건축에 사용되는 양면접착테이프, 실링재처럼 선의 개념으로 사용되는 것은 제한을 받지 않는다.

■ 제한을 받는 제품

건축하면서 설치, 부착되는 것에 관해서 제한을 받는다. 거주자가 건축 후에 가져온 가구, 집기, 커튼(제거할 수 없는 accordion curtain 등은 제외한다) 칠판, 게시판, 왁스류는 제한을 받지 않는다. 그림 6-2에는 규제되는 부분과 제품의 한 예로 나타내었다.

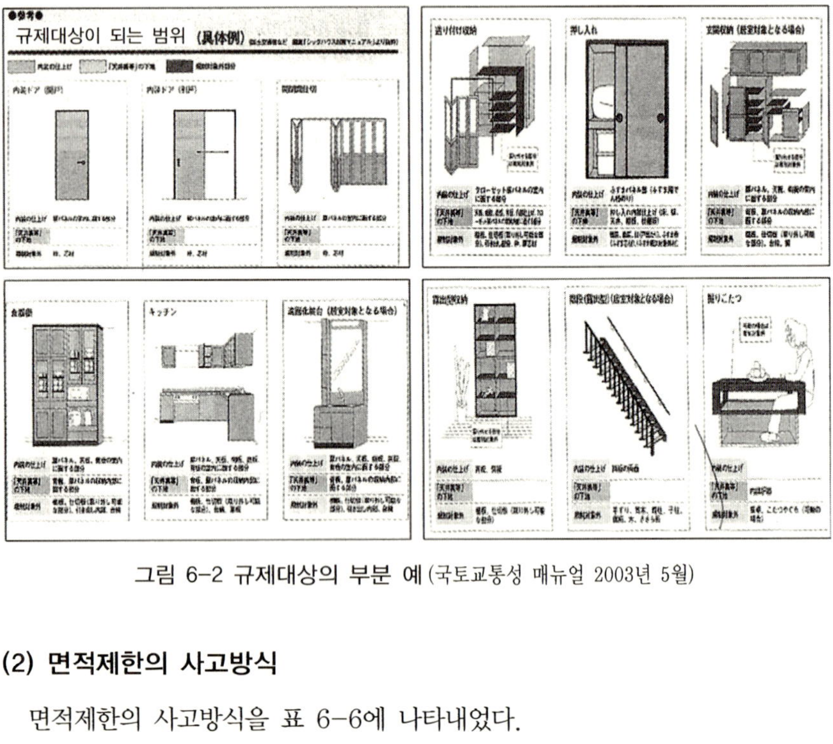

그림 6-2 규제대상의 부분 예(국토교통성 매뉴얼 2003년 5월)

(2) 면적제한의 사고방식

면적제한의 사고방식을 표 6-6에 나타내었다.

- 환기횟수 0.5회라는 것은 방의 공기를 2시간에 1회 바꿔 넣는 것.
- 건물재료의 포름알데히드 방산속도에 따라서 제 2종(F☆☆☆), 제 3종(F☆☆)으로 구분된다. 이 구분에 따라서 사용면적이 다르다.
- 통상 0.5회 환기설비에서는 제 2종 건축재는 마루바닥재 면적의 약 2배까지 사용 가능하게 된다.

표 6-6 면적제한의 사고방식

<table>
<tr><th rowspan="2">건축물 구조</th><th rowspan="2">거실 종류</th><th colspan="2">환기팬의 구분</th><th colspan="2">건축 재료의 마루바닥재
면적당 사용제한</th></tr>
<tr><th>설치</th><th>유효 환기횟수</th><th>제3종</th><th>제2종</th></tr>
<tr><td rowspan="5">높은 기밀성을
소유하는 건축물</td><td rowspan="2">주택 거실 등</td><td rowspan="2">있음</td><td>0.7 이상</td><td>5배</td><td>0.8배</td></tr>
<tr><td>0.5 이상 0.7 미만</td><td>2배</td><td>0.3배</td></tr>
<tr><td rowspan="3">기타 거실</td><td rowspan="3">있음</td><td>0.7 이상</td><td>7배</td><td>1.1배</td></tr>
<tr><td>0.5 이상 0.7 미만</td><td>4배</td><td>0.7배</td></tr>
<tr><td>0.3 이상 0.5 미만</td><td>2배</td><td>0.3배</td></tr>
<tr><td rowspan="6">기타의 구조</td><td rowspan="3">주택 거실 등</td><td rowspan="2">있음</td><td>0.7 이상</td><td>5배</td><td>0.8배</td></tr>
<tr><td>0.5 이상 0.7 미만</td><td>2배</td><td>0.3배</td></tr>
<tr><td>없음</td><td>(0.5 이상을 상정)</td><td>2배</td><td>0.3배</td></tr>
<tr><td rowspan="3">기타 거실</td><td rowspan="2">있음</td><td>0.7 이상</td><td>7배</td><td>1.1배</td></tr>
<tr><td>0.5 이상 0.7 미만</td><td>4배</td><td>0.7배</td></tr>
<tr><td>없음</td><td>(0.5 이상을 상정)</td><td>4배</td><td>0.7배</td></tr>
</table>

(3) 거실의 정의

거실이라는 것은 사람이 항시 거주하는 부분을 말한다. 아래는 실제의 주택 거실 내에서 도대체 어느 부분이 규제되는 것일까에 대해서 설명을 하였다.

이미 표 6-4와 표 6-5에는 규제되는 부위와 거실부에 대해서 나타내었다. 그림 6-2에서 실제의 주택 내부에서 ① 규제되는 부분, ② 임시건물 안쪽 취급(F☆☆☆ 이상의 등급을 사용하는 것이 좋다). ③ 전혀 규제되지 않는 부분을 이해할 수 있다.

참고문헌 秋野卓生 : 'マンガでわかる! かんたん改正建築基準法', PHP研究所

일본접착제공업협회(JAIA) 자체관리규제

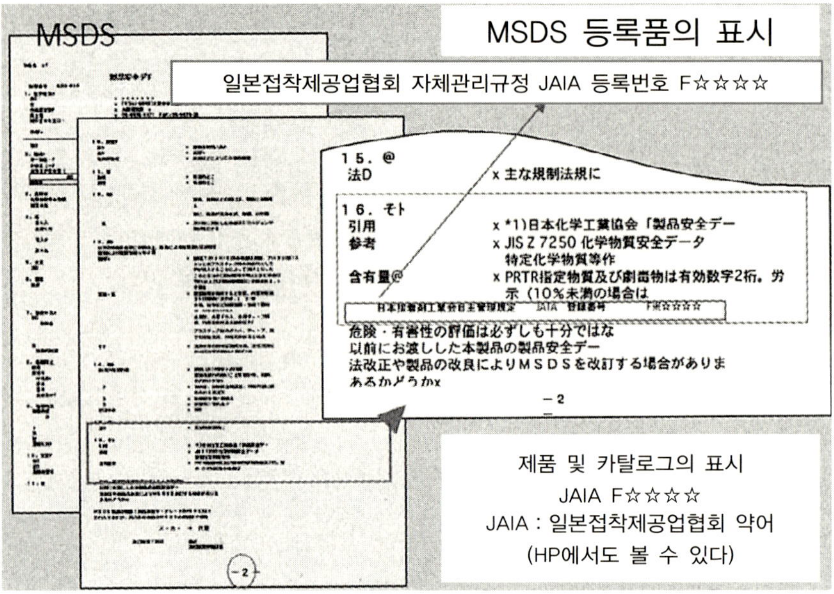

그림 6-3 MSDS의 F☆☆☆☆표시

(4) 자체관리 등록제도

이미 서술했듯이 도료, 접착제, 섬유판, 벽장재 등의 건축재료에 대해서 국토교통성의 지도에 따라 각 공업협회에서 JIS, JAS에 준해서 포름알데히드의 등급구분을 자체관리제도에 따라서 심사등록하고 있다.

■ 접착제 · 도료

접착제에 대해서는 일본접착제조협회가 일정 종류의 접착제에 관해서 원료제한을 한 것에 대해서 심사등록하고 있다. 접착제에 대해서는 F☆☆☆☆만 접수를 하고 있다. 등록품의 표시 예를 그림 6-3에 나타내었다. 2004년 4월부터는 해외제품도 접수받고 있다.

일본도료공업협회에서는 데시케이터 desiccator법에 의한 포름알데히드 방산농도의 측정시험 데이터를 기본으로 심사등록하고 있다.

접착제 등 17품목 JIS/JAS개정 접착제 등 포름알데히드 방산속도로 등급구분 F☆☆☆~F☆☆☆☆

⬇

- JIS/JAS
- 장관인정
- 자체관리규정(접착제 · 도료 · 벽장재 외)

17품목의 조합에 따라서 만들어진 화장판 등의 포름알데히드 등급 등록표시제도

⬇

○ 일본 건축자재산업협회(건산협) → 화장판
○ 전국 천연목재단판 공업협동조합연합회(전목연)
○ 일본섬유판공업협회
○ 일본 프린트 컬러 합판공업조합

등급 구분된 화장판 등을 사용해서 조립된 부엌, 벽장 등의 포름알데히드 등급표시

⬇

○ 건산협, living amenity협회, 일본주택설비시스템협회, 부엌공업회의 4개 단체로 표시방법의 가이드라인을 작성
○ 전국가구공업연합회 : 지침을 검토 중

등급 구분된 집기 등을 조합시켜서 주택을 건축한다(주단연 지침에서의 공기질 향상)

⬇

○ prefab 제조사 → 국토성에 형식인정 신청
○ 토목점 → 건축 확인신청

화장판의 F☆☆☆☆신청

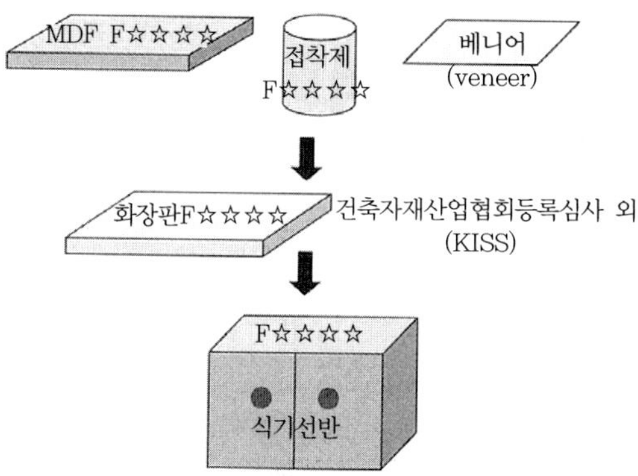

그림 6-4 화장판의 심사등록

■ 복합 건축재료의 등급 구분

건축재료의 등급구분에 대해서 서술했지만, 현실에 이 건축기준법 개정이 시행되면 각 재료의 포름알데히드 방산구분은 JIS, JAS, 장관인정, 자체관리 규정으로 표시할 수 있다. 그림 6-2에 나타낸 문, 집기, 부엌문, 화장 천장판, 설치된 선반, 벽장의 문 판자/선반 등을 등급구분해서 내장부재로서 사용하기 때문에 건축재 산업협회(KISS : 경제산업성 제조산업국 주택요업 건축재과의 관할단체)나 일본섬유판현회가 이러한 복합재료에 대해서 심사등록을 하고 있다. 그 구조를 그림 6-4에 나타내었다.

이처럼 각종 주택부재나 건축자재를 제조판매하고 있는 회사는 건축자재산업협회 등에 신청하면 심사 등록되어 홈페이지에도 공개된다(KISS에서 검색 가능).

2 차기 규제 동향

2003년 7월의 건축기준법 개정에서는 포름알데히드에 대해서만 방산속도로 규제를 했다. 그러나 이미 서술해 왔듯이 현실에는 공공주택, 주택성능 표시제한, 학교건강위생법 등으로 포름알데히드, 톨루엔, 크실렌 xylene, 스티렌 styrene, 에틸벤젠 ethyl-benzene, p-디클로로벤젠 p-dichloro benzene, 아세트알데히드 등의 물질측정이 의무 · 책임화 되어 있는 것에서 이러한 물질도 즉시 규제해야만 한다는 목소리도 있다.

이러한 의견을 받고서 이미 각 시도군은 각 공업협회와 함께 다음의 JIS개정을 위해 작업을 2002년 10월부터 시작해서 이미 2004년도에는 대략 결정해야 할 작업이 진행되고 있다. 이러한 금후의 동향을 표 6-7에, 또 차기규제 VOC의 예상을 표 6-8로 나타냈지만, (어디까지나 저자의 시안이다) 8물질에 더해서 가까운 장래 DOP, DBP도 들어갈 예정이다.

한편 포름알데히드처럼 이것들의 물질을 등급구분하게 된다면 문제도 있고 어렵다. 이번 건축기준법 개정은 너무 세분화되어 있는 것에서 유럽의 실내공기질(IAQ)의 등급구분처럼 6~8개 물질의 총계인 TVOC로 표시하는 경우도 고려된다.

2006년의 제 2차 건축기준법 개정을 기다리기에는 시간이 걸리고 대응이 늦다는 의견도 있기 때문에 2004년~2005년에 각 공업협회에서 자주적으로 톨루엔, 크실렌, 에틸벤젠 등의 방산속도, 내지는 4~5물질의 TVOC에 의한 평가(등급구분표시)도 검토되고 있다. 그 구조는 저자가 일찍이 2000년 말에 관청 측에 제안한 독일 GEV의 평가의 구조이다.

독일 접착제공업회의 GEV는 마루바닥재용 제품에 관해서 1997년부터 챔버법에 의한 TVOC로 EC1~EC3으로 분류해서 표시하고 있다. 이미 일본에도 대량으로 수입되고 있다. 다음 절에서는 독일의 동향에 대해서 서술하였다.

표 6-7 금후의 VOC관련 개정 동향(추정)

2003.4~2004.3	JIS화의 측정실험데이터
2004.4~2006.3	JIS원안 작성, 개별 JIS
2006.3	JIS개정공시
2006.7?	건축기준법 개정국회심의
2006.7?	개정 건축기준법시행

표 6-8 차기 규제 예상(VOC)

F : formaldehyde	●규제 완료
TL : toluene	▲규제 유력
XY : xylene	▲유제 유력
AA : acetaldehyde	△가능성 있음
ST : styrene	△가능성 있음
EB : ethyl benzene	△가능성 있음
TD : tetradecan	△가능성 있음
DCB : p-dichlorobenzene	△가능성 있음
TVOC	■검토도 있음

표시방법은 불분명

3 독일의 동향

이번 건축기준법 개정의 기반이 된 소형챔버법은 독일의 WKI(국립목재연구소 사진 6-1)의 Tunga Salthammer 박사에 의해서 25년 전에 고안된 방식으로 독일에서는 125L나 1m³의 글라스 챔버와 대형 챔버로 각종 건축재료의 VOC 방산 데이터를 수집하고 있다. 그리고 여기에서 시험된 방식에 준해서 각 공업회가 자체적으로 포름알데히드나 VOC류의 등급구분을 TVOC로 평가하고 있는 것이다.

현재, 독일에서는 건축재 등 약 100종류의 평가제도가 있다. 그러나 이 같은 시험은 이미 건축재료뿐 아니라 독일 자동차공업협회에서는 차내의 내장재료에 대해서 1m³의 챔버로 시험하고 규격화되어 평가하고 있다(규격 DVC 274). 이러한 움직임을 받고 일본의 모 자동차회사도 이 방식을 국내에서 시험해 타사와의 차별화를 두고 있다. 새집증후군이나 화학물질과민증의 환자들을 생각하면 이처럼 자동차, 전철, 버스, 비행기 등의 내장재 등에 대해서 빠른 VOC 대책을 바란다.

WKI는 하노버에서 베를린에 향하는 고속으로 40km 정도의 동 Brauchenchweig시 외곽에 있다. 저자도 2002년 7월에 이곳을 개인적으로 방문하였다. 특히, 글라스의 1m³의 챔버에서 각종 건축재의 시험이 이루어져 있어 유럽에 있는 재료에서의 VOC측정의 중심적 존재라 말할 수 있다. WKI는 Yahoo!에서 독일어로 WKI에서 검색할 수 있다(영어판도 있음).

WKI에서는 사진 6-2에 나타냈듯이 후각계 Olfactometer로 도료 · 접착제를 비롯해서 각종 건축재에서 발생하는 VOC의 악취에 의한 감응시험이 행해지고 있다. 이 방법에서는 간단히 각 VOC의 기준치가 아니라 사람 각각의 느끼는 방법의 차이에 따라서 건축재료의 안전도를 분류하고 있다.

새집증후군이나 화학물질과민증의 사람이 느끼는 VOC농도는 개인에 따라서 다르기 때문에 우리나라에서도 단순히 기준치만 아니라 이러한 감응시험도 즉시 검토할 필요가 있다. 새집증후군이나 화학물질과민증의 치료병원에서 이 같은 시험기에 의해 환자가 자신에게 있어 안전한 건축재를 알 수 있다.

독일에서는 1997년부터 마루바닥재용 접착제에 대해서 GEV(이것도 인터넷에서 검색가능)로 시험하고 TVOC에서 EC1~EC3까지 평가하고 있다(이것을 Emi Code라 칭한다. 표 6-9). 이렇게 해서 시험된 마루바닥재용 접착제 등은 마루바닥재 제조사에 따라서 국내에서도 마크를 붙인 안전한 것이 수입 판매되고 있다. 이 독일의 기준과 시험방법을 표로 나타내었다.

사진 6-1 독일의 WKI

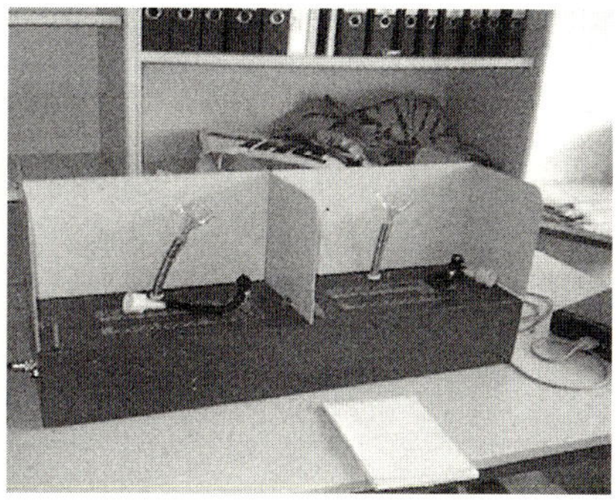
사진 6-2 후각계

표 6-9 독일 접착제공업회의 기준

Emi Code(GEV)
마루바닥재용 각종 접착제의 120L 챔버법에 의한다.
접착제의 VOC 방산량으로 labeling(비용 약 180만원/건)

측정일수	10일간(알데히드류은 1일째) rankTVOCμg/m³
측정조건	23℃, 50%EC1<500
측정기관	Miljo Chemi외 2곳 EC2500~1500
시료면적	20×20cm(유리판) EC3>1500
도포량	200~400g/m²
환기율	0.5회/h
부하율	0.4(m²/m³)

(포집관)		(채취물질)
Tenax-TA(GC/MS)	C1	벤젠 · 디옥산 등
Teanx-TA(GC/MS)	C2	모노머(monomer)류
DNPH(HPLC)	C3	알데히드류 발산암 물질

rank	TVOC μℓ/㎥
EC1	<500
EC2	500~1500
EC3	>1500

일본의 접착회사도 약 180만원/건을 지불하고 GEV의 시험기관에서 이 방식에 의한 접착제의 VOC 방산시험을 행하고 있다.

한편 독일에서는 노동안전법에 준해서 GIS 코드라는 것이 있다. 이것은 접착제 등의 각종 VOC류의 배합량에 의한 위험표시이다. 공사현장에 있어서 용제 중독 등의 재해에 대해서 이 GIS코드표시가 없는 제품을 사용했을 때에는 노동자재해보상보험이 내려오지 않는 등, Emi Code에서의 거주자 안전만이 아니라 GIS코드에 의한 작업자의 안전에도 배려해서 제품이 시장에 나오고 있다.

접착제만 본다면 독일에서는 건축내장에 사용되는 접착제의 97%가 수성타입이라고 한다(2002년 현지에서 들음). 건축공법이 다르다 해도 독일은 상당한 수준의 환경대책이 진행되어 있다. 최근에는 거의 악취가 없는 아크릴수지계 원료도 개발되고 있다.

독일에는 RAL규격(독일품질 표시검사규정)이라는 벽장재나 가구에 엄격한 규격이 있다. 그 일부를 표 6-10에 나타내었다. 이러한 시험에서는 모두 챔버법이 이용되고 있다. 일부에는 일본의 목질 보드류의 데시케이터법에 흥미를 갖고 있는 면도 있다.

일본에서는 건축기준법 개정이 시행됐지만, 아직 가구에는 정해진 규격이 없고 일본가구공업연합회에서는 즉시 규격을 만들도록 검토되고 있지만, 가구회사는 중소기업이 다수 있는 만큼 일률적인 도입에는 시간이 걸릴 듯하다.

표 6-11에는 핀란드에서의 접착제 평가의 기준(MI Code)을 나타내었다. 이처럼 유럽에서는 독일, 핀란드, 스웨덴(분석회사가 각종 측정을 행하고 있다), 노르웨이, 덴마크 등을 중심으로 국가마다 시험조건이 약간 다르지만 대략 챔버법을 이용해서 건축재의 VOC 방산시험을 행하고 있다. 이러한 해외의 정보는 일본에서도 연 3~4회, 일본건축학회나 와세다대학교가 주최해서 세미나를 하고 있기 때문에 꼭 청강한다면 좋을 것이다.

독일에서는 현재, 건축기준법개정을 검토하고 있어 표 6-12와 같은 가이드라인을 만든 것과 함께, 150개 화학물질이 VOC, SVOC에 대해서 챔버에서 시험해 적부를 정하는 방식을 2002~2004년에 걸쳐서 공공주택에 시험

도입하고 있다. 그 후, 이 방식을 일반주택에 적용해 나가 유럽에 주택의 IAQ규격에 도입할 것을 검토하고 있다.

이러한 활동이 본격화하면 어느 쪽이든 ISO 16000시리즈에 제안되어 머지 않아 일본에서도 검토될 날이 올지도 모른다. 여기에서 주목해야 할 것은 스티렌이 일본의 1/7로 엄격한 수치로, 저자의 경험으로는 이 수치가 새집증후

표 6-10 RAL-RG-430에 있는 가구의 VOC 방산량 규제 수치

화 합 물	제 한 수 치
포름알데히드	0.05ppm (622.5μg/m³)
페놀	14μg/m³
MDI 단량체 (4,4'-diphenylmethane-disocyante)	검출되지 않는 것 (<0.1μg/m³)
기타	살균살충제, 할로겐화 유기화합물로 처리하지 않은 것

RAL : 품질보증표시협회

화 합 물	한계 수치(μg/m³)[2)]	한계 수치 (μg/m³) [3)]
알코올 총량	100	–
지방족 탄화수소 총량	300	250
케톤 총량	200	200
테르펜 총량	300	300
글리콜 총량	300	250
알데히드 총량 [1)]	100	100
방향족 탄화수소 총량	300	250
에스테르 총량	600	500
기타	100	100
TVOC (VOC총량)	800	650

1) 포름알데히드를 포함하지 않는다.
2) Salthammer and Marutzky (1995)의 제안
3) RAL-RG-430 (Jan, 1997개정)

군 환자를 생각하면 적정하다고 생각된다. 또 α-피넨α -pinene이 2003년 2월부터 추가된다.

표 6-11 핀란드의 접착제 등의 기준(MI Code)

($\mu g/m^2h$)

방산물	M1	M2	M3
TVOC	200	400	> 400
포름알데히드	50	125	> 125
암모니아	30	60	> 60
발암성 물질(IARC분류-1) 벤젠, 염화비닐 외	5	5	> 5
악취	악취 없음	견딜 수 있다	견딜 수 없다
악취 불만족성 시험(%)	< 15%	< 30%	> 30%

표 6-12 독일의 가이드라인

(2003.2 현재)

formaldehyde	0.1ppm
toluene	<300$\mu g/m^3$
styrene	<30$\mu g/m^3$
pentachlorophenol	<0.1$\mu g/m^3$
ΣPCB's	<0.3$\mu g/m^3$
Carbon dioxide	<0.15Vol-%
Carbon monoxide	<1500$\mu g/m^3$
dichlorormethan	<200$\mu g/m^3$
TCEP	<5$\mu g/m^3$
α-pinene	200$\mu g/m^3$(2003년 2월부터)
diisocyanate	불검출
TVOC	<1000~3000$\mu g/m^3$

4 독일의 화학물질과민증대책 병원

독일에는 새집증후군이나 화학물질과민증의 환자를 치료하는 훌륭한 병원이 있는 것을 2000년 12월 7일부 매일신문에서 알고 기사를 썼던 O씨의 소개로 2002년 7월, IFU(Institute fur Umweltkrankheiten : 이것도 인터넷에서 검색가능. 사진 6-3)의 Dr. Runow선생님을 방문했다. IFU는 프랑크푸르트의 북 250km의 카셀 Kassel에서 남서로 차로 약 40분 정도의 Bad Esmal이라는 시골에 있다.

사진 6-3 IFU

주위는 조용한 전원지대로 IFU 옆에는 쿠아(보양온천치료소)가 있어 선생님의 병원과는 인접해 있다. 주위에는 최근 신흥주택이 생겼지만, 농약살포 등에는 주 정부도 주의하고 있다. 여기에는 유럽 각지에서 연간 수천 명 가까이 새집증후군이나 화학물질과민증의 환자가 치료하러 오고 있다.

이 병원에서는 숙박도 할 수 있고 바로 옆에는 호텔도 있어 장기 치료도 가능하다. 미국 Rae 박사나 일본의 제 1인자인 이시가와(石川 哲)씨와도 친분이 있는 유럽의 제 1인자이다. 당일은 담당자가 친절히 치료원인과 치료방법을 설명해 주었다.

치료법은 혈액을 상세히 분석해서 그 사람이 무엇에 알레르기를 일으키고 있는가를 조사해, 이것을 기초로 식사 메뉴를 컴퓨터로 작성하여 1~2개월간 모습을 관찰한다. 약도 주고, 필요에 따라서 여기에 머무르면서 치료도 한다. 이러한 치료방법은 루노 선생님의 저서와 최근의 논문에 정리되어 있다.

한편 치료원은 모두 천연목재재의 건축재 · 가구로 만들어져 있다. 이전에 아사히가와 사이쇼 목장의 화학물질과민증 요양소를 보여줬지만, 다양한 점에서 루노 선생님의 치료원 쪽이 상당히 빈틈이 없다고 생각된다. 이러한 치료방법을 선생님에게 제자로 들어가 배우고 싶을 정도이다. 정말 루노 선생님의 병원이라면 새집증후군이나 화학물질과민증의 환자는 반드시 치료된다고 실감할 수 있고 피해사례로 서술한 환자를 여기에 데려 가고 싶은 기분이다. 선생님은 함부르크대학교에서도 교편을 잡고 있어 꼭 일본에 불러서 강연을 해 주었으면 할 정도이다.

이러한 독일의 치료법도 독일 국가가 전면적으로는 인정하고 있지 않지만 일부 활용하고 있다.

꼭 한번 기회가 있으면 IFU와 WKI를 방문할 것을 권유한다. 다양한 점에서 독일이 발전해 있다고 생각된다. 이 같은 독일의 환경정보에 대해서는 'OKO TEST'라는 월간지가 있기 때문에 꼭 구매할 것을 권유한다.

이러한 훌륭한 치료방법을 연구하고 있는 Runow 박사와 Rae 박사님을 만날 수 있던 것에 감사한다.

07

새집증후군 방지를 위한 25개 조건

● 새집증후군 방지를 위한 25개 조건 ●

1. 화학물질은 공기보다 무거워 아래에 고인다.
2. MSDS(제품안전 데이터 시트)를 입수한다.
3. 천연계에 치우치기보다도 합성계를 바르게 사용한다. 자연계 재료를 과신하지 않는다.
4. 어린아이가 화학물질의 영향을 가장 많이 받는다.
5. 고기밀 · 고단열만 유지하는 것은 위험하다.
6. 거주하면서 실시하는 리모델링은 위험이 많다.
7. 신축 후는 1~2개월간 환기를 하고나서 입주하는 것이 좋다.
8. 여름철은 온도가 올라 화학물질의 방산이 많기 때문에 주의한다.
9. 겨울철 공사 중의 VOC는 방산하기 힘들어 봄까지 남는 경우가 있다.
10. 보드 시공에 사용한 접착제 등의 용제는 5, 6개월 남아 있다.
11. 내장재에는 호흡하는 재료를 많이 사용한다 (PET 병은 집에 하지 않는다).
12. 포름알데히드는 단시간으로 방산하지 않는다.
13. 환기는 24시간 환기보다도 아래에 작은 틈이 좋다.
14. 항상 냄새에 민감해진다.
15. 신문 · TV의 기사에 관심을 갖는다.
16. 우선은 공공기관의 정보를 기본으로 한다 (인터넷에서 입수 가능).
17. 집 안에서 스프레이 제품이나 시너류는 사용하지 않는다.
18. 집 안에서 담배는 피우지 않는다.
19. 애완동물이나 관엽식물을 집 안에 들이는 것에 주의가 필요하다.
20. 보풀이 많은 것이나 카펫을 집에 두지 않는다.
21. 신축 레스토랑이나 서점은 포름알데히드가 많다.
22. 방충제나 전기모기향의 냄새에 주의한다.
23. 해외 브랜드의 의류, 화장품, 가구매장에 가까이 하지 않는다.
24. 제광액이나 냄새가 강한 화장품, 염소계 살균제는 주의를 요한다.
25. 디자인 편중보다도 바른 기능을 중시해서 설계한다.

새집증후군 방지를 위한 25개 조건을 왼쪽에 나타내었다. 이것에 대해서 약간 설명하겠다.

1 화학물질은 공기보다 무거워 아래에 고인다

각종 화학물질의 분자량은 제 2장의 표 2-6에 나타내었다. 공기의 분자량은 29, 물은 18, 이것에 대해서 톨루엔 toluene의 분자량은 92, DOP(phthalic 산 ester계 가소제)의 분자량은 235이다. 톨루엔류는 공기보다 무겁다. 물론 실내에 바람이 들어가거나 2층의 실온이 올라가는 것에 의해 1층의 공기가 2층으로 움직일 때에는 이러한 톨루엔이나 크실렌 xylene, p-디클로로벤젠 p-dichlorobenzene의 성분도 위로 올라가지만, 실내의 공기가 움직일지 않을 때에는 화학물질은 마루바닥재 위에 떠다니고 있다고 생각해야 한다.

내가 근무하는 화학회사의 연구소나 이전에 재직한 대학(하버드 대학의 화학실험실도 그렇다)에서는 마루바닥재에 가까운 부분에 환기팬이 설치되어 있다. 그것은 화학물질이 마루바닥재 면에 머무르기 때문이다. 덧붙이면 1970년대 대기업 도료회사의 오사카 공장이 폭발한 적이 있었다. 그것은 반응 공정소의 마루바닥재에 체류한 유기용제 methanol의 증기가 옆방의 휴게실의 스토브의 불에 인화한 것이다. 이처럼 새집증후군에서는 모두의 몸에 화학물질이 인화해서 노출된다고 생각하길 바란다.

이전에 조사한 새집증후군의 집에서 다다미 위에 자고 있던 개가 피를 토하고 죽었다('새집증후군의 협위' 참조). 전에도 어느 집에서 키우고 있던 작은 새가 죽었다. 이것은 마루바닥재 위에 머물러 있던 유기인 화합물에 의한 것이다. 이처럼 공기의 움직임이 적은 방에서는 거의 화학물질은 마루바닥재 면에 머무른다는 것을 잊지 않길 바란다. 저자는 실내공기의 측정에서는 가능한 마루바닥재면의 공기도 취재하고 있다. 따라서 방의 환기팬은 마루바닥재 면보다 30cm 정도 위에 설치하는 것이 좋지만, 디자인이 나쁘거나 주변이 추워지는 등의 점에서 상부에 붙여지고 있다. 그래도 최근 마루바닥재의 가까운 곳에 환기팬이 있는 집을 발견했다.

DOP/DBP 등 분자량이 많고 증기압이 작은 프탈산에스테르 phthalate ester 류나 유기인계 등의 물질은 시간이 지남으로써 조금씩 방산해서 카펫이나 커튼에 흡착한다. 그리고 마루바닥재를 기어 다니는 유아나 키가 작은 아이들의 몸을 차츰 해치는 것이다. 이러한 물질들은 정자를 이상하게 만드는 환경 호르몬으로서 주의가 필요하다.

앞에 나타낸 도료회사의 화재사고의 예처럼 마루바닥재 위에 머무른 각종 화학물질에 의해서 거주자에 인화 폭발하는 것으로 새집증후군이 일어난다. 이것을 내가 참여하고 있는 국가의 건강주택 연수회 목질분과회에서는 노출 혹은 피폭이라 칭하고 있다. 작은 아이일수록 주택에서의 화학물질에 의한 노출률이 높다. 이번 건축기준법 개정에서는 방에 환기팬의 설치가 의무화되었다. 이것에 따라서 각 방의 문도 10mm 정도 공간 under cut이 필요하게 된다. 이러한 문의 under cut의 방식은 현관에서도 작은 공기창이 있다면 대단히 좋을 것이 생각된다(YKK 등에서 취급하고 있다).

2 MSDS를 입수한다

표 7-1에 MSDS(제품 안전 데이터 시트)의 실물을 나타낸다. MSDS는 화학물질의 유해성 정보제공의 중요한 자료이다. 도료, 접착제, 왁스 등의 화학물질에는 MSDS가 작성되어 있어 건축할 때 건축가나 설계사가 사전에 입수해서 사용자에게 설명하는 것은 필수로 법률로 의무화되어 있다. 그러나 여기에서의 문제는 MSDS의 내용을 충분히 이해할 수 있는 사람이 몇 명 있는가이다. 작성하고 있는 사람조차 거의 모르고 있을 지도 모른다. ALARA의 원칙이나 NOAEL의 원칙(紫谷治雄 : '가정용 방충제의 안전성을 생각한다' 참조)을 모른다면 이 내용을 읽을 수 없다. 이 책의 제2장에는 이러한 독성의

보는 방법을 나타내었다.

본래 MSDS는 새집증후군 때문이 아니라 PRTR(Pollutant Release and Transfer Register : 유해성 화학물질의 이동배출등록제도)시스템에 의한 서식으로 일반사람에게는 너무 어려운 것이다. 우리도 때때로 기재되어 있는 표현을 모르는 경우가 있다. 즉 MSDS는 유해한 화학물질의 독성을 알기 위한 것으로 내용이 조금 어렵다.

기업의 자기만족인 부분(MSDS조차 내놓아 두면 안심…, 내놓지 않으면 법적으로 비난받기 때문)은 있지만, 이것이 기본이다. 사용자 중에는 열심히 공부하고 있는 사람도 있다. 그러나 MSDS에서 모든 정보를 얻을 수 있는 것은 아니며 MSDS는 유해화학물질이 정보를 새집증후군용으로 제공하는 것을 목적으로 한 것이 아니다. 1997년에 시행한 PRTR법에 준한 433개 물질과 노동안전법에 의한 760개 물질에 관한 유해성 정보를 기재한 것이다. 따라서 1% 미만 함유의 화학물질에 관해서는 어떤 정보도 없기 때문에 1% 미만 함유의 화학물질에 대해서 기재된 성분표를 요구할 것을 권한다. 성분표는 제출의 의무는 없지만, 이러한 성분표를 스스럼없이 제출해 주는 기업은 양심적인 회사일 것이다. MSDS의 제출은 법률로 의무화 되어 있어 판매점에서 시공업체에 반드시 건네받지 않으면 안 된다.

또 MSDS는 기재내용이 바뀌는 경우도 많다. 건축 후 2년 지나서 문제가 일어나 재판이 될 듯하다면 서둘러서 MSDS를 입수해서 사용자에게 전하거나 지금 사용하고 있는 제품의 포장용기를 갖고 와서 "그때 사용한 것은 이것이다"라고 정보를 제시하는 경우도 많이 봐 왔다. MSDS는 시공시기에 기재된 내용이 중요한 것이다. 즉 2년 전과 지금과는 품명이 같더라도 내용이 반드시 같다고는 할 수 없는 것이다. 특히 이번 건축기준법 개정이나 다음 개정(2006년)의 톨루엔류의 규제가 시작되면 내용이나 마크의 기재방법 등이 다른 경우 대부분 주의가 필요하다.

MSDS를 정확히 입수해서 설명을 받는 것은 사용자의 권리이다. 그러나 화학물질의 유해성은 조금 어렵기 때문에 화학 전문가나 의사에게 상담할 것을 권한다(향후 건축사에도 MSDS의 읽는 방법을 의무화 할 것도 필요할 것이다. 재료를 몰라서 좋은 집을 짓지 못하기 때문).

현행의 노동안전법에서는 5% 미만의 유기용제 함유의 표시 의무는 없다. 그러나 4.0~4.9% 포함되는 것도 있어 그 점에서도 MSDS의 입수는 중요한 것이다.

한편, MSDS에 기재 의무가 없는 1% 미만의 톨루엔, 크실렌 등이 수 종류 포함되면 큰일이다. 최근에는 1% 미만의 톨루엔류를 몇 종류 포함하는 도료가 사용되는 것에 의한 새 학교 문제의 사례도 있다. 금후 새집증후군이나 화학물질과민증을 고려해서 1% 미만의 함유물질도 MSDS에 기재되도록 하면 좋을 것이다. 아니 자체적으로 이러한 치밀한 반응을 하는 회사가 나타나길 바란다.

> 'MSDS와 성분표(1% 미만까지 기재)를 반드시 입수할 것'

표 7-1 제품안전 데이터 시트

정리번호 X-002-12345

1. 화학물질 등 및 회사정보

회사명	: ○○○○화학주식회사
주소	: (T:331-0000) 사이타마시 북구 사이타마초○-○-○
작성담당부문(품종별)	: 사이타마 공장 품질보증부
상사전화번호	: 048-666-○○○○
문의창구 · 긴급연락전화	: (오후) 품질보증부 전화048-666-○○○○ 번호 동경지점03-6666-○○○○
작성 · 개정	: 2003년 12월 12일
제품명	**접착제 ABC-100**

2. 조성, 성분정보

단일제품 · 성분정보	: 혼합물
화학명(일반명/별명)	: 초산비닐 수지계 용제형 접착제
성분 및 함유량(위험유해물질대상)	함유량표시기준은 16항에 나타낸다.

성분명	CAS No.	함유량%	PRTR법지정	노안법통지	기타정보
메탄올	67-56-1	35미만	담당하지 않음	번호558	없음

3. 위험유해성의 요약

화학물질 등의 분류(일본방식*1) : 가연성 고체
급성독성물질

위험성 : 인화하기 쉬운 고체. 용제의 증기와 공기가 혼합해서 폭발성 혼합물을 형성하기 쉽다.

유해성 : 유기용제 중독을 일으킬 우려가 있다.

특정의 위험유해성 : 가망 없음

4. 응급조치

눈에 들어간 경우 : 즉시 다량의 흐르는 물로 15분간 이상 씻어 흘리고 서둘러서 의사의 진찰을 받는다.

피부에 부착한 경우 : 즉시 오염된 의복이나 신발을 벗기고 부착 또는 접착부를 비누나 물로 세척하고 다량의 물을 이용해서 씻어 흘리고 서둘러 의사의 진찰을 받는다.

흡입한 경우 : 즉시 피해자를 모포 등으로써 안정시키고 신선한 공기의 장소로 옮겨 서둘러서 의사의 진찰을 받는다.

마셨을 경우 : 물로 입안을 씻고 즉시 의사의 진단을 받는다. 무리하게 토하게 하지 않는다.

5. 화재시의 조치

소화제 : 분말, 이산화타소, 거품

특정의 소화방법 : 부근의 착화원을 끊고 보호구를 착용하고 바람 부는 쪽에서 소화한다.

6. 누출시의 조치

다량으로 누출한 경우 누출한 장소의 주변에는 로프를 뻗어 사람의 진입을 금지한다. 부근의 착화원을 제거하고 소화기재를 준비한다. 토사, 흙 등으로 흐름을 멈추고, 그대로 혹은 토사 등에 흡착시켜서 회수한다. 작업 시에는 반드시 보호구를 착용한다.
소량의 경우 : waste 등으로 닦아낸다.

7. 취급 및 보관상의 주의

취급 취급화기엄금, 정전기주의

기술적 대책

취급자의 노출방지 : 취급은 환기가 좋은 곳에서 한다. 취급 중에는 피부에 닿지 않도록 주의하고 필요에 따라서 유기가스용 방독 마스크, 또는 송기 마스크, 불침투성 보호장갑, 보호안경 등을 착용한다. 취급 후에는 손 닦기 및 양치질을 충분히 행한다.

화재 및 폭발 방지 : 주변에서 화기, 스파크, 고온물의 사용을 금지한다. 또 대전 방지복 착용이나 불꽃 방지형 공구를 이용하는 등 정전기 대책을 행한다.

보관 기술적 대책(보관조건)	온도가 40℃ 이하의 장소를 정해서 보관한다. 또 사용 후는 밀봉한다.

8. 노출방지 및 보호조치

설비대책	: 스프레이 미스트나 증기가 발생하는 작업장에서는 일부 배기 설비를 설치한다. 취급장소의 근처에 세안 및 신체 세척을 위한 설비를 설계한다.
적절한 보호구	
호흡기계의 보호구	: 밀폐된 장소에서는 송기 마스크를 착용한다.
손 보호구	: 노동위생 보호장갑
눈 보호구	: 보호안경
피부 및 신체 보호구	: 긴 소매 작업복, 필요에 따라 보호복 및 보호장화를 착용한다.

9. 물리적 및 화학적 성질

물리적 상태 형상	: paste상
색	: 회색
냄새	: 알코올 냄새
비점	: 64.7℃
인화점	: 11℃
폭발특성	: 용제의 증기와 공기의 혼합체는 폭발의 가능성이 있다.
밀도	: 약 1.30
용매에 대한 용해성	: 물에 불용, 유기용제에 가용

10. 안정성 및 반응성

안정성	: 통상의 취급조건에서는 안정
반응성	: 반응성 없음
피해야만 하는 조건	: 용제의 증기는 공기보다도 무거워지면, 혹은 마루바닥재에 따라서 이동하는 경우가 있어 원거리 인화의 가능성이 있다.
위험 유해한 분해 생성물	: 연소 등에 의해 CO 등의 유해가스를 발생할 우려가 있다.

11. 유해성 정보

주1) 일본 산업위생학회 권고2002

성분명	관리농도	허용농도[1)]	IARC[1)]	기타의 유해성
methanol	200ppm	200ppm	설정 없음	LD50(경구) : 5623mg/kg(rat)

12. 환경영향정보

누설, 폐기 등의 제품에는 환경에 영향을 줄 우려가 있기 때문에 취급에 주의한다.

13. 폐기상의 주의

이하의 정보를 참고로 분별한 뒤, 자사에 의한 처리 또는 허가를 받은 전문업자에게 처리를 위탁해 주십시오. 상세한 것은 법률(폐소법 및 용기포장 리사이클법)에 따라 주십시오.

종류별 주위	: 본 제품의 폐액은 폐유와 폐플라스틱류의 혼합물(관리형 산업폐기물)로 분류된다. 70℃ 이하의 인화성 성분을 포함하는 경우는 특별 관리형 산업폐기물로 분류된다. 건조물은 폐플라스틱류(안정형 산업폐기물)로 분류된다.
용기 · 포장의 폐기	: 공용기를 폐기할 때는 내용물을 완전히 제거한 후에 산업폐기물로서 처리 또는 회수로 돌린다. ( )에 관리형 · 안정형의 구분을 나타낸다. 바깥 상자, 종이 관 등 지폐용기 · 포장 : 회수 또는 종이 부스러기로서 처리(단독으로 관리형 산업폐기물, 부착성분이 있는 경우도 관리형 산업폐기물) 금속관, 금속 드럼, 금속튜브, 금속 부스러기로서 처리(단독으로 안정형 산업폐기물, 부착성분이 있는 경우는 그 안정형 · 관리형 부류에 따른다)

14. 수송상의 주의

수송의 특정 안전대책 및 조건	: 취급 및 보관상이 주의항목의 기재에 따를 것. 용기가 새지 않는 것을 확인하고 전도, 낙하, 상해가 없도록 실어 짐이 무너짐 방지를 확실히 행할 것.
육상	: 소방법, 노동안전위생법, 독극법에 타당할 경우는 각각의 타당법률에 인정되는 운송방법에 따를 것.
해상	: 선박 안전법에 결정한 것에 따를 것.
항공	: 항공법에 결정한 것에 따를 것.
국연분류 · 번호	: 클라스 4.1　1325

15. 적용법령

법규제	: 화학물질보관촉진법(PRTR법) 및 노동안전 위생법 57조의 2통지 물질이 타당성에 대해서는 조성, 성분정보 내에 나타낸다. 기타는 소방법 제2류 인화성 고체 위험등급 Ⅲ 노동안전위생법 표시의무, 유기칙

16. 기타의 정보

포름알데히드 방산등급	: JIS A 5537(목제블록용 접착제)F☆☆☆☆
인용자료	: *1)일본화학공업협회 '제품안전 데이터 시트의 작성지침(개정판)'
참고문헌	: JIS Z 7250 화학물질안전 데이더 시트(MSDS) 안전위생정보센터 홈페이지 일본산업위생학회 : 허용농도의 권고(2002) 화학공업일보사 '화학품안전관리 데이터 북스' 특정화학물질 등 작업주임자 텍스트

함유량 표시기준	: PRTR지침물질 및 극독물은 유효수자 2자리. 노안통지물질 기타는 5% 자른 것 미만 표시(10% 미만의 경우 1% 자름)로 나타낸다.

위험 · 유해성의 평가는 반드시 충분하지 않기 때문에 취급에는 충분히 주의해 주십시오.
이전에 건 낸 목제품의 제품안전 데이터 시트를 갖고 계신 분은 폐기해 주십시오.
법 개정과 제품의 개량에 의해 MSDS를 개정할 경우가 있기 때문에 작성 · 개정일이 2년 이상 지난 경우는 최근 판인지에 대해 확인해 주십시오.
MSDS전달의 경로 : 제품안전 데이터 시트(MSDS)는 원칙으로서 다음의 경로로 최종 취급 사업자에게 전달됩니다. 마지막 입수의 경우 MSDS의 청구나 최신판의 문의는 판매 루트를 통해서 신청해 주십시오.

제조사 → 대리점 → 취급사업자
개정이력 : 2001년 10월 서식개정
개정이력 : 2003년 12월 15. 기타 정보항목에 포름알데히드 방산등급 정보 추가

3 천연계로 치우치지 않는다

왜 천연계가 안되는 것일까? 라고 생각될 것이다. 앞에도 썼지만, 내장재에 천연계 도료를 전면에 사용해서 아세트알데히드 acetaldehyde가 맹렬히 나온 사례가 있다. 포름알데히드가 나오는 습식 도공재도 있다. 즉 천연계는 톨루엔이나 크실렌 등의 VOC를 포함하고 있지 않은 점에서는 안전할지 모르지만, 포름알데히드 formaldehyde나 아세트알데히드를 발산하는 것도 많다. 테르펜 terpene이나 리모넨 limonene은 이러한 포름알데히드나 아세트알데히드를 포함하는 경우가 많다. 특히 리모넨은 아세트알데히드가 많다.

현재, 자연계라 말하는 도료는 70개 품목으로 그 절반 이상에 아세트알데히드가 검출된다고 하고 있다. 당신이 독일의 자연계 도료나 접착제가 안전하다고 생각된다면 3년간 독일의 에고잡지 ≪OKO TEST≫를 구독하길 권유한다. 이 잡지에는 일본에서 안전하다고 하는 어느 도료의 위험성이 과학적으로 증명되고 있다.

이번 건축기준법 개정에서는 이러한 자연도료나 접착제의 규제에서 벗어났

다고 한다. 그러나 만약, 이러한 제품에서 문제가 일어났을 때, 국가는 어떻게 할 것인가.

천연계에서 주의해야만 하는 것으로서는 규조토가 있다. 현재 자연계의 것이 30~40개 품목 정도시장에 대량으로 나돌고 있는 듯하지만, 이것들 중에도 포름알데히드가 검출되는 것도 있어서 선택할 경우에는 주의해야 한다(책에서는 자연계가 안전하다고 너무 사용할 우려가 있다.).

이러한 자연계 건축재에 치우친 결과, 문제가 일어난 사례가 약간 늘어나고 있다. 동경의 고급주택에서 천연목재의 바닥재에 도포된 독일의 자연계 도료의 아세트알데히드가 원인이라 하더라도 사용자는 자신이 선택한 것만으로 납득하지 못하고 다른 건축재가 원인이라고 주장한 적도 있다. 자연계 재료를 선택할 때는 ADPAC의 소형챔버로 50개 물질의 방산속도 데이터를 입수할 것을 권유한다. 저자는 지금 이러한 그레이나 건축자재는 반드시 스스로 Tenax-TA나 DNPH를 이용해서 측정하고 있다.

4 아이가 가장 많이 화학물질의 영향을 받는다

앞에도 서술했지만, 화학물질의 대부분이 물보다도 공기보다도 무겁다. 따라서 실내의 화학물질은 실내의 공기가 움직이지 않는 한 마루바닥재 면에 떠다닌다. 또 화학물질에 노출되어서 이상 증후가 발생할 확률은 그 사람이 갖은 용적의 크기에 비례한다. 용적이 작아서 매일 가장 마루바닥재 면에 가까운 곳에서 생활하고 있는 유아가 가장 많이 화학물질에 노출하게 되어 일생에 걸쳐 그 영향을 받을 수도 있다.

화학물질을 받아들이는 용기의 크기는 사람에 따라서 각각 다르다. 화학물질에 노출되기 쉬운 것은 유아 > 어린이 > 중학생 > 노인 > 고등학생 > 어른의 순서일까. 그러나 어린이뿐만 아니라 키가 작은 사람은 마루바닥재 면에 가까운 만큼 화학물질의 영향을 받기 쉽다고 말할 수 있다. 또 작은 체구의 사람은 용적이 작은 만큼 거둬들이는 양이 적더라도 노출되기 쉬워진다.

후생노동성이 제시한 13개 화학물질에는 고비점(360℃ 이상)의 DOP나 DBP가 포함되어 있지만, 금후, 프탈산에스테르류도 측정물질에 들어갈지 모른다. 비닐벽지(대부분이 염화비닐)에 포함되는 프탈산에스테르류는 서서히 벽지에서 빠져나와 커튼이나 카펫, 바닥 등에 부착한다. 그 결과, 환경 호르몬이라 칭하는 내분비계 장애물질로 작용해서 남아의 정자를 이상하게 만들어 버리는 것이다.

한 여름에 자동차의 유리가 흐려지는 것은 실내가 60~90℃의 고온이 되면 자동차 내장재의 대부분에 사용되고 있는 연질 염화비닐 시트에서 프탈산에스테르계 가소제가 이탈하기 때문이다. 독일에서는 이미 자동차 내부의 가소제를 조사하기 위한 규격이 있다. 안개시험 fogging test이라는 방법으로 65℃~100℃로 유리 등의 흐려짐을 보고 또한 그 물질도 분석하고 있다. 자동 내장재의 시험방법은 규격 VDA 276으로 규정되어 있다. 일본의 자동차 제조사에서는 내장재로 염화비닐계 재료를 사용하지 않는 방향으로 움직이고 있는 곳도 있다. 우리나라의 자동차에서도 빨리 그 같은 규격이 도입되기를 바라고 있다.

5 고기밀 · 고단열에 지나치게 의존하지 않는다

고기밀 · 고단열은 여름 · 겨울 모두 쾌적한 실내를 만들어 주는 것과 함께 에너지 절약의 면에서도 중요하다. 반대로 화학물질을 밖으로 보내지 않고 실내에 가두는 점에서는 많은 생각을 하게 한다. 닫힌 방에서 톨루엔이나 크실렌류, 스프레이 제품을 사용하면 어떻게 될까. 냄새 나서 실내에 있을 수 없을 것이다. 고기밀 · 고단열로 한다는 것은 그 만큼 화학물질을 실내에 가두어 두는 것이 된다.

만약, 고기밀 · 고단열로 한다면 그 기밀도에 따른 환기가 필요하다. 이번의 건축기준법에서는 모든 집에 24시간 환기를 의무화 하고 있다. 더욱이 이번 환기에서는 각 방을 밀폐하는 것이 아니라 각 방의 문 아래에 10~15mm 정도의 틈(under cut)을 권유하고 있다. 이러한 사소한 틈이 있는 것만으로도 공기의 흐름은 상당히 좋아진다. 고기밀 · 고단열을 채용하기에는 정확히 실내 공기의 흐름을 과학적으로 실측한 뒤에 적정한 환기를 행하는 것이 중요하다. 배기와 흡기의 관계를 잘못하면 실내의 공기압의 부하가 착오가 생겨 오히려 실내에 화학물질을 많이 내보내는 경우도 있다.

독자적인 FP 단열 패널을 사용하는 'FP 그룹'의 집은 이전부터 이러한 계획 환기를 하고 있어 참고가 될 것이다. 덧붙이면 글라스울glass wool의 단열재 등을 잘못 사용하면, 벽의 내부가 물방울이 생겨서 단열재가 섞여 시커먼 곰팡이가 생긴 사례도 많으므로 주의가 필요하다.

이상의 것에서 독일처럼 바닥재나 벽 두께를 두껍게 하는 것만으로도 실내는 쾌적하게 되기 때문에 적정 기밀 · 적정 단열로는 어떨까.

공공기관에서는 고기밀 · 고단열에 크게 신경을 썼지만, 지금은 환기와 새집증후군 대책에 관심을 갖는 결과가 되었다. 그러나 단열공법은 환기시스템과의 관계로 외단열이냐 내단열이냐 의견이 구분된다. 물방울이 생기는 것에 대한 대책으로서는 기본적으로 외단열이 좋다고 하지만 비용도 들고 공법도 어려워 일본에서는 아직 적다. 저자가 한번 잘 연구할 것이다.

6 거주와 동시에 리모델링은 위험

신축과 달리 리모델링은 거주자가 살면서 공사를 행하는 경우가 많아 시공 직후에 방을 사용하는 경우가 많다. 그러나 도장이나 마루바닥재를 재시공한 후, 바로 방에 들어가서 괜찮다는 것은 건식공법(예를 들면 allover 공법) 정도이다. 신축에서도 시공 후 3~4주간은 환기가 필요하다고 하고 있다. 국토교통성의 설계 · 시공 매뉴얼(1998년)에도 리모델링 시에는 거주구와 분리해서 공사할 것을 권유하고 있다.

리모델링 후의 트러블 사례를 조금 나타내었다.

① 부엌을 새롭게 시공한 후, 배관실이 나빠서 마루바닥재 아래가 물에 잠기거나, 흰개미 대책으로 크레오소트 creosote유를 마루바닥재 아래의 목부에 도포함으로써 거주자가 건강에 해를 입고 피난했다.
나의 조사로는 굉장한 크레오소트 냄새가 나는데도 불구하고 업자는 전혀 냄새는 없어 문제없다고 주장하여 조정에 들어왔다.

② 2층 베란다의 방수공사가 갖추지 못한 데서 그 아래의 1층 거실의 천장에 얼룩이 생겨 천장을 전면 도장했다. 그 직후 1층 거주자가 몸 상태가 좋지 않아졌다.
원인은 옥외용의 석유 나프타 naphtha를 30% 이상 포함한 도료를 사용했기 때문이다. 천장은 전면적으로 벗겨서 새로운 재료를 수성계 접착제로 다시 칠했다.

③ 아파트를 개장 후 가족이 몸 상태가 좋지 않음. 처음은 접착제가 섞였기 때문이라는 것이다. 조사한 결과 원인은 바닥 중에서 포름알데히드 농도는 간단하게는 내려가지 않아 결과적으로 전면 다시 시공하는 공사가 됐다.

④ 건축 15년 된 집에서 일본식 방을 서양식으로 바꾸기 위해 목질 바닥을 합성고무 용제계 접착제로 시공하여 거주자가 일시 건강을 해쳤다.
이 경우는 마루바닥재에 까는 나무의 톨루엔이 들어간 접착제로 바닥을 시공한 것에 의한다. 그 방은 잠시 사용하지 못하고 환기팬을 설치해서 간이측정기로 톨루엔 농도를 측정해서 농도가 내려간 4개월 후부터 사용하기로 되었다.

⑤ 아파트에서 마루바닥재 공사를 했을 때에 아스팔트지를 마루바닥재 아래에 깐 것에 의해서 실내에 타르 tar 물질이 충만해서 가구, 의류, 침구의 모두가 타르 물질로 오염되어 가족은 건강을 해쳐 피난, 전면적으로 내장을 바꿨다. 정밀측정에서도 아스팔트 종이의 타르 성분이 검출됐다.

이처럼 살면서 리모델링은 상당한 위험을 수반하는 경우가 많다. 원칙적으로는 거주자는 일시 피난을 하고 2~3주간은 환기를 하고 나서 방에 들어가야 한다. 그러나 신축과 달리 리모델링은 사용된 건축자재나 도료, 접착제의 종류를 파악하기 쉬운 점에서 빠른 시점이라면 대책을 세우기 쉬워 거주자의 피해도 줄어든다.

리모델링 공사에서는 용제형 접착제나 도료를 사용하지 않는 것이다. 수성도료라도 고비점의 각종 용제가 포함되어 있는 경우가 있다. 고비점 용제가 물보다 느리게 휘발한다. 얼핏 봐서 건조한 듯이 보이는 도료도 나중에 서서히 고비점 용제가 나오기 때문에 거주자의 건강장해를 불러일으키게 되기 때문에 주의가 필요하다.

여기에 나타낸 사례처럼 살면서 리모델링한다는 것은 급성 새집증후군이 되는 경우가 많다고 인식해 두어야 한다. 우리 집에서도 부엌을 리모델링했지만, 용제계 접착제는 사용하지 않고 시공 후는 스스로 실내를 측정해서 충분히 안전성을 인식한 후, 그 방을 사용하게 했다. 간이측정기에서의 포름알데히드 농도는 0.03ppm이었다. 이러한 리모델링 시의 주의점은 '리모델링 handbook'(일본리모델링산업협회, ☎03-5541-6050)에 서술되어 있다.

7 신축은 1~2개월부터 입주할 것

현재도 신축의 집에서 건축재료에서 방산되는 포름알데히드나 VOC농도가 높은 것이 상당히 있다. 사례에 나타냈듯이 같은 집을 팔면서 건축 직후에 입주한 집과 2~3개월 경과 후 입주한 집에서는 그 피해도 다르다. 전자는 상당히 피해가 커서 재판소송이 될지도 모른다. 한편 후자는 조금 몸 상태가 나빠졌다가 즉시 회복했다.

제 2장에서 서술했듯이 건축재료에서의 VOC의 방산은 기온이 높은 여름철은 상당히 유효하지만 기온이 낮은 겨울철은 좀처럼 방산하지 않는다. 건강주

택연구회에서의 2년간에 걸친 실제 실험 결과에서 생각하면 6월에 완성되어 7~8월 2개월간 매일 환기를 한 후에 9월 기온이 내려가기 시작할 쯤에 입주하는 것이 이상적이라 생각된다. 그래도 새집증후군이 되지 않는다고 보증할 수는 없다.

데이터에서도 나타냈듯이 포름알데히드류의 농도는 간단히 내려가지 않는다. "포름알데히드는 환기하면 바로 없어진다."라는 소리를 자주 듣지만 그것은 잘못된 것이다. 목재의 섬유 속에 들어 있던 포름알데히드는 목재중의 수분과 함께 내부에 확산해서 일부는 목재의 성분과 반응하고 있는 경우도 있다. 생각해 보길 바란다. 12mm 합판처럼 4-ply(4층 합판)도 되어 있는 중에서는 간단하게 포름알데히드가 방산하지 않는다.

옛날 가구에는 포름알데히드로 가교 반응시킨 요소수지계 접착제가 사용되어 있어 이 포름알데히드 formaldehdye가 방충제의 역할을 10~20년에 걸쳐서 완성되기 때문에, 일부러 p-디클로로벤젠 p-dichlorobenzene 등의 방충제를 넣지 않아도 되는 것이다. 또 가구의 부패도 방지하고 힘들고 강도도 좋았다. 포름알데히드는 모두 나쁜 것이 아니라 좋은 면도 많이 있다.

이처럼 생각하면 목질 건축재의 포름알데히드 농도는 간단히 내려가지 않는 것을 알 수 있는 것이다. 리모델링 편에서도 서술했지만, 톨루엔류도 좀처럼 방산하지 않는다.

또 보드나 바닥재의 기공에 사용한 접착제 중의 VOC는 4~5개월간 잔존하는 경우도 있다. 이러한 VOC는 비점, 증기압, 물과의 혼합상태에 따라서 다르다. 신축에서도 우선은 1~2개월 이상 환기하고 나서 입주하는 것이 중요하다.

8 여름철은 온도가 올라가 화학물질 방산이 많기 때문에 주의

건축재료 중 화학물질은 온도가 높아질수록 방산하는 양은 많아진다. 따라서 기온이 30℃~40℃가 되는 여름철 일본에서는 상당한 화학물질이 실내에 방산된다. 그림 7-1에 나타내듯이 실내의 포름알데히드 농도의 방산량은 여름철에서는 겨울철 수 배 높은 경우가 있다. 여름의 석양이 닿는 완전히 닫은 방의 공기는 뭐라 말할 수 없는 악취가 나는 것은 잘 알려져 있다.

방 측정에서도 여름철은 오후 4~6시쯤이 실내의 온도가 높아지므로 측정에는 안성맞춤이다. 즉 실내의 건축자재에서 VOC는 집의 외벽이 충분히 따뜻해지는 것에 따라 조금 뒤늦게 방산된다. 6월~9월에 걸쳐서의 각종 VOC의 방산농도는 겨울철에 비교되지 않는다. 2003년 10월 건축 마무리 학회에서는 35℃에 있는 건축재에서 각종 화학물질의 방산농도가 나왔다. 여기에서는 아세트알데히드도 상당히 나오고 있다.

2003년 7월의 건축기준법개정에서는 소형챔버에서는 28℃에서 측정하고 있다. 본래 ISO에서는 23℃이고 데시케이터 desiccator법에서의 포름알데히드 농도측정도 23℃로 시험조건을 엄격히 했다. 왜일까? 이것은 28℃ 이상이 되면 에어컨을 켜도 괜찮다고 한 에너지절약법을 기본으로 어느 위원회에서 제안됐던 것 같다. 이 시험조건에 대해서 해외의 연구자들로부터는 세계 실태에 맞지 않는 북유럽의 건축재로서는 엄격한 시험조건이라고도 지적되어 있다. 이 5℃의 차가 크다.

이처럼 건축기준법개정의 안쪽 무대에서도 알 수 있듯이 온도가 올라가면 보다 많은 화학물질이 나온다. 지도한 듯하지만 24시간 환기한 집에서도 한 번 여름철에 환기팬을 24시간 이상 멈추고 실내의 공기질을 측정할 것을 권유한다. 최근 NPO나 시공사 general contractor는 35℃에서의 측정을 진행하고 있다.

접착제의 포름알데히드 방산속도

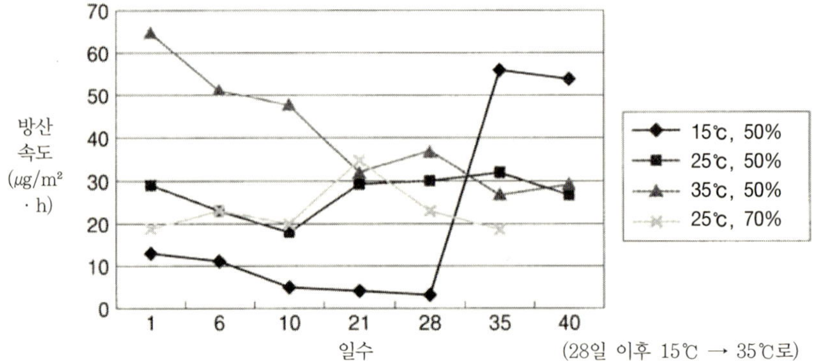

접착제의 TVOC 방산속도

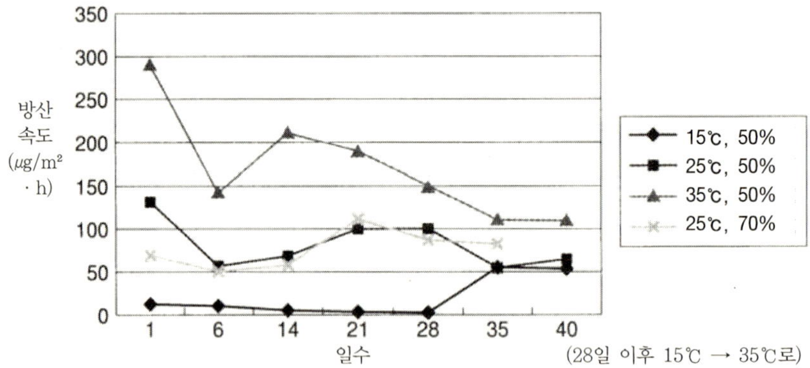

그림 7-1 포름알데히드 · TVOC의 방산속도

(국토교통성 실내공기대책연구회 자료에서)

9 겨울철 공사 중 VOC는 휘발하기 힘들어 봄까지 남는 경우가 많다

한편 겨울철은 기온이 낮아 VOC의 방산속도가 극단적으로 느려진다. 따라서 겨울철 공사 후의 VOC 농도나 포름알데히드 농도에는 특히 주의를 요한다. 겨울철은 기온이 낮기 때문에 시공이나 도장에 사용한 접착제나 도료 중의 VOC는 공사 중에서도 충분한 오픈 타임을 취하지 않음에 따라 나중에 새집증후군이나 새 학교 증후군이 된 사례는 많이 보인다.

겨울철(12~1월)의 공사 후, 3월~4월이 되어서 바닥재의 시공에 사용한 접착제 중 유기용제가 서서히 방산해 오고 실내에서 냄새가 거주자의 건강을 해한 사례는 많다. 최근에는 지방의 초등학교나 동경의 초등학교의 예도 있다. 어느 학교는 겨울철에 공사를 해서 콘크리트 마루바닥재에 목질 바닥을 톨루엔 등이 6%~7% 함유된 에폭시 epoxy수지계 접착제로 시공된 듯하였다. 그 결과 4~6월이 되어 교실에서 대량 톨루엔이 검출됐다.

앞에 서술했듯이 북쪽 지역의 12월~1월은 기온이 0℃ 이하, 이러한 시기에 타설한 콘크리트의 수분량은 간단히 내려가지 않아 수분이 높다고 생각된다. 여기에 물에 전혀 섞이지 않는 톨루엔이나 크실렌을 포함한 접착제로 시공하면 마치 젖은 걸레로 등유를 닦은 때와 같이, 언제까지라도 톨루엔이나 크실렌은 방산하지 않고 바닥의 안쪽에 붙은 발포 폴리에틸렌 polyethylene의 내부와 덜 마른 콘크리트에 단단히 안겨버린다.

그 결과 실온이 높아져서 콘크리트의 상당한 수분이 방산한 후에 조금씩 톨루엔류가 방산해 나온다. 이렇게 해서 5월~6월에는 한 번에 톨루엔류가 방산하기 시작하는 것이다.

몇 번이나 서술했듯이, 물과 섞이지 않는 톨루엔 등의 고비점 용제는 일단 물을 포함하면 그 방산도 극도로 느려진다. 새집증후군의 조사를 하기에는 이처럼 물과의 혼합성이나 증기압 등의 물리화학의 지식도 중요하다. 현재 나라의 보조에 의해 대학과 공동으로 톨루엔계의 접착제와 논톨루엔 no-toluene계 접착제의 콘크리트의 수분에 의한 방산 거동을 검증하고 있다. 그 결과는 2004년도 중에 발표될 것이다.

대략적으로 8~12개월에는 톨루엔이 계속 방산된다. 따라서 그 경우에서는 전면적으로 바닥재를 벗기고 콘크리트의 톨루엔을 방산시킨 후 새로운 바닥재를 시공할 수밖에 없다. 여기에서 중요한 것은 바닥재를 벗기더라도 톨루엔류는 마루바닥재 아래의 콘크리트에 충분히 스며들어 있다는 것이다. 마루바닥재재의 코르크 타일이나 바닥재를 벗긴 후 충분히 톨루엔을 방산시키고 나서 다시 시공을 하지 않았기 때문에 2차 클레임이 된 사례도 있다. 즉 수분이 많은 콘크리트에서는 물에 섞이기 힘든 물질이 내부에 남아서 언제까지라도 나오지 않는다. 물에 섞이기 쉬운 아세톤이나 알코올은 물과 함께 방산한다(제2장 VOC의 물성 · 독성을 참조).

겨울철에 시공한 곳의 실내공기를 측정해서 VOC나 포름알데히드 농도가 낮기 때문에 안심해서는 안 되는 것이다. 3월~4월, 나아가 여름철이 되면 맹렬히 VOC가 방산하는 것이 당연하다. 북쪽 지역에서는 기온이 낮아 시공 중에도 건축재에서의 화학물질의 방산이 느려지기 때문에 문제가 일어나는 경우도 있는 만큼 주의가 필요하다.

한편 반대의 경우도 있다. 어느 제조사의 전시실을 봤을 때였다. 여름에는 공기조절과 환기가 있었기 때문에 걱정되지 않았지만 10월에는 공기조절이나 환기가 적기 때문에 전시실 가구의 포름알데히드나 스티렌 모노머 styrene monomer 등이 방산하고 있었다. 1시간 후에는 피부가 가려워져 왔다. 새집증후군이나 화학물질과민증의 환자에게는 주의가 필요하다.

일본 간사이 동쪽 지역에서도 겨울에 톨루엔을 포함한 접착제로 바닥재를 시공했을 때, 3월~4월에 톨루엔이 방산해서 거주자의 건강을 해한 적이 있다.

이처럼 여름철에 냄새가 적다고 해서 안심할 수 없다.

10 보드류의 시공에 사용된 접착제 중 톨루엔류는 수개월 남는다

앞에도 서술했지만, 벽이나 바닥재의 시공에 사용된 접착제 중의 유기용제류는 최저 수개월 남아 있다. 앞의 그림 7-1은 실제로 30cm 각각의 시험체를 톨루엔계 접착제로 시공해서 시간이 지난 후 톨루엔의 방산성을 나타낸 것이다.

유기용제(시너) 같은 것은 간단히 날아가 버린다고 생각하지는 않을 것이다. 유기용제(VOC)의 방산성은 비점, 증기압과 물과의 혼합성, 나아가 사용된 도료, 접착제, 왁스 등의 주성분과의 혼합성(compatability)의 4개의 요인에 좌우된다.

나아가서는 시공 시의 오픈 타임에도 기인한다. 이러한 위험성이 있는 것에서 현재 현장시공 접착제는 거의 논톨루엔, 논크실렌 타입으로, 게다다 전혀 유기용제를 함유하지 않는 안전한 수성계나 무용제계의 변성 실리콘수지계의 접착제에 대신해 오고 있다.

11 내장재에는 호흡하는 재료를 많이 사용한다

집이 PET라는 것은 실례라고 생각할 것이다. 이 같은 극단적인 의견을 인정하기 바라는 마음에서 한번 더 여러분이 살고 있는 집의 내장을 보길 바란다.

마루바닥재 : 바닥재(스티렌의 UV 도장제품이 주류)

• 벽 : 비닐 시트

• 천장 : 비닐 시트

이것이 지금의 주택의 표준적인 서양식 방이나 아이 방, 침실의 내장이다. 우리나라에서는 특히 비닐 크로스에 인기가 있다. 그것은 겉모습은 아름다고 더럽혀져도 바로 닦을 수 있다, 비용도 싸다, 2~7평의 방이라면 반나절로 새로 깔 수 있을 정도로 작업공정이 짧다…등의 이유에 따른다.

해외의 건축가가 보면 일본의 벽 90%가 이러한 비닐 클로스를 사용하고 있는 것에 놀라고 있다. 세계에서도 특이한 내장 마무리다. 독일에서는 염화비닐의 비닐 클로스는 세면장, 화장실 등 극히 일부밖에 사용하지 않기 때문에 다이옥신 문제는 일어나지 않는 것이라고 독일 환경청의 관리자로부터 직접 들은 적이 있다.

이러한 합성수지로 방의 마루바닥재 · 벽 · 천장을 마무리했을 때에 도대체 어느 건축재가 조습이나 조온, 조음작용을 해줄 것인가. 최근에는 발포시켜서 작은 구멍을 내는, 호흡하는 비닐클로스도 나오고 있다.

가능하면 집의 내장에는 호흡하는 건축재를 사용하고 싶다. 솔직하게 천연목재로 마무리한 집은 따뜻함이 있어 마음을 놓는다. 그러나 해외에서의 천연목재에는 약제로 방부 · 방의 처리한 것도 있어 주의가 필요하다. 저자의 집은 벽은 아래판자와 석고보드에 종이를 붙여, 천장은 텍스이다. 화학물질이 많아지고 있는 오늘날이야말로 이러한 호흡하는 건축재에 돈을 들이고 싶은 것이다.

12 포름알데히드는 단시간으로는 방산하지 않는다

이미 서술했듯이 포름알데히드는 목재 내부의 수분과 섞여서 간단하게 방산하지 않는다. 벽지의 시공에 사용된 접착제에 첨가되어 있는 포름알데히드도 그렇다.

벽지용 접착제에는 현장에서 방부제로서 포름알데히드를 혼합시키는 경우도 있다. 포름알데히드는 그 독성을 빼고서 생각한다면 가장 싸고 지속성이 높은 방부제인 것이다. 냄새가 나는 만큼 위험성도 감지할 수 있다. 반대로 냄새가 나지 않아 보다 독성이 불분명한 화합물을 사용하는 것은 걱정스러운 일이다.

몇 번이나 서술했지만, 포름알데히드는 물과 섞이는 만큼 수분(습기)을 주고 나서 실내를 가습하는 것으로 포름알데히드의 방산량은 빨라진다고 생각할 수 있다.

13 환기는 24시간 환기보다도 아래에 작은 틈이 좋다

이번 애써 건축기준법 개정에서 24시간 환기가 의무화 되는데도 불구하고 약간 방해한다는 표현을 허락하길 바란다. 옛날부터 다실에는 작은 창이 있다. 우리 집도 예전에 어머니가 차를 했던 것에서 때때로 다실을 봐 왔다. 그 이유는 차에 숯 냄새 등이 부착하지 않게 하기 위해서라고 들은 적이 있다.

그것은 공기보다 무거운 화학물질의 냄새는 마루바닥재에 떠다니고 차는 다다미 위에 두기 때문일 것이다. 이러한 일본의 전통문화에서 방에서는 아래쪽에 작은 창문이나 틈을 설계하는 것은 그 나름대로 이치에 맞는 중요한 것이다.

저자는 측정에서는 가능한 실내의 공기가 고일 듯한 가구나 피아노의 안쪽 마루바닥재 면도 측정한다. 벽이나 천장부터 떨어져 나오는 VOC류는 마루바닥재 면에 머물러 있는 경우가 많아 이 물질을 배제하기에는 천장 근처 환기팬보다도 마루바닥재 면 30cm 정도 위에 틈이나 작은 창이 있으면 좋다. 전기료나 환기팬의 고장의 걱정을 하는 일 없이 새집증후군에는 유효할 것이다.

14 항상 냄새에 민감해진다

새집증후군이나 화학물질과민증의 환자는 정말 냄새에 민감하다. 여러분보다 냄새의 감도는 10배 이상(저자도 5배 이상 민감) 민감하지 않을까. 특히 전철이나 건물, 병원 등에서는 놀랄 정도로 민감하다.

새집증후군의 환자는 때로는 공기질의 "리트머스 시험지"로서 활약한다. 실내공기에 주의하고 있는 병원의 대기실에서조차 있을 수 없는 경우도 많다.

이렇게까지 민감해지라고는 말하지 않지만 적어도 새집증후군의 현장에서나조차 1시간이라도 있으면 냄새를 느끼는데 전혀 냄새를 느끼지 않는 사람들도 많다. 그 지독한 크레오소트 creosote 냄새조차 전혀 맡지 못하는 사람도 있다. 그런 사람조차 어느 날을 경계로 해서 냄새로 피해 입는 경우가 있다. 어느 사무실에서 아세톤의 냄새를 일순간 느꼈지만, 다른 사람에게는 전혀 느끼지 못해 조사하자 아세톤이 들어있는 병의 뚜껑이 약간 열렸던 것이다. 이처럼 냄새에 민감해지지 않으면 새집증후군의 대책으로서의 건축재 선정도 측정도 어려워진다.

우선은 "코 크로마토그래피 chromatography"인 것이다.

15 신문 · 텔레비전의 기사에 관심을 갖는다

강연 때 이야기하는 것은 최근에 텔레비전에서 방영된 새집증후군이나 화학물질과민증의 사례 및 신문의 기사이다. 그러나 대부분의 강연회장에서 이러한 기사를 정확히 보고 있는 사람이 적은데 놀랐다. 오히려 새집증후군의 환자분이 확실히 이 종류의 기사나 텔레비전을 보고 있다. 즉 새집증후군의 사람들은 자신의 건강을 되돌리는 데 필사적이다. "지푸라기라도 잡는다"는 생각으로 새집증후군의 NGO나 책을 찾고 있다. 쓰고 말하는 나도 새집증후군의 환자로부터 기사나 프로그램의 정보를 받는 경우도 많다.

당신이 짓는 집이 "새집증후군"으로 판정되지 않는다는 보증은 없다. 그런 때 환자의 입장에서 생각할 수 있는 건축업자야말로 중요하다. 그 때문이라도 신문, 주간지, 텔레비전, 인터넷의 기사를 항상 봐 두는 것이 필요하다. 특히 건축업자는 더욱 더 큰 관심을 가져야 한다.

16 우선은 공공기관의 정보를 기본으로 한다

새집증후군이나 건축기준법개정, 실내측정방법에서 중요한 것은 우선 공적으로 발표된 관청의 정보이다. NGO나 건축평론가의 의견도 중요하지만, 자신의 판단을 위해서는 현재 관공서가 정식으로 어떠한 규정이나 명령을 내고 있는가를 가는 것에서 시작된다.

저자는 정부 각 부처의 위원을 하고 있는 만큼 가능한 관할 관청에 인식하도록 하고 있다. 지금은 각 기관의 정보기관이 발표나 공공 논평 public comment은 언제라도 인터넷에서 볼 수 있기 때문에 꼭 한 주에 한번은 보도록 권하고 싶다. 필요에 따라서 전화나 메일로 코멘트하는 것도 중요하다. 책 뒤에 문의처를 나타내었다.

17 생활의 모습

이하에 새집증후군이 되지 않기 위한 생활양식에 대해서 서술하겠다.

① 집 안에 스프레이 제품이나 시너류를 사용하는 것은 매우 위험하다. 특히 창이 열리지 않는 좁은 아파트 세면장에서 스프레이를 사용하는 것은 스프레이의 용제나 가스가 실내에 가득 차기 때문에 매우 위험하다. 스프레이 제품을 좁은 욕실에서 사용해서 기분이 나빠져 1시간 통원한 사례도 있다.
어쩔 수 없이 이러한 제품이나 시너를 실내에서 사용할 때에는 방을 전체 열고 환기팬을 돌리는 것이다.

② 집 안에서 담배도 주의가 필요하다. 새집증후군의 환자들은 담배를 필 수 있는 커피숍이나 레스토랑에 들어가는 것을 피하는 경우가 많다. 그러한 장소에 들어가면 담배에서의 알데히드 aldehyde류로 피부에 가려움이나 습진이 나타나기 쉽기 때문이다.

③ 애완동물류를 실내에서 키우면 반드시 동물의 털이 실내에 흩날린다. 이러한 동물의 털에 의해서 천식이 되기 쉬운 것이다. 이외에 보이지 않는 먼지가 실내에 흩날리게 되어 매우 위험하다.
내가 아는 새집증후군의 환자는 20년간 매일 고양이를 안고 잤다. 그리고 차츰 천식이 되어 새집증후군으로 변했다. 관엽식물에서도 영양제나 강화제가 뿌려진다. 따라서 이러한 약제가 실내에 방산되는 경우도 있으며 베란다에 놓는 것이 좋을 것이다.

④ 보풀이 있는 카펫이나 인형도 주의가 필요하다. 카펫은 화학물질이 털에 붙기 쉬워서 포름알데히드로 발수 가공한 것도 있다. 또, 인형도 마찬가지로 보풀이 있어 매일 이러한 인형을 옆에 두거나 안고 자는 것은 천식에 걸리기 쉽다.

⑤ 신축의 서점에서는 책장과 함께 대량으로 입하해 오는 서적에서의 포름알데히드의 방산이 높아 매우 위험하다. 야마노테(역자주: 서울의 2호선) 선의 역 중에 새롭게 큰 서점이 생겼을 때 포름알데히드 농도가 높아져서 그 가게에는 나조차 그다지 가까이 할 수 없었다. 점원이 포름알데히드 냄새를 느끼지 못하는 것일까 이상할 정도이다.

⑥ 건축에서는 반드시 디자인이 주체가 되어, 내장의 건축재는 2차가 되어 있는 경우가 있다. 디자인은 집의 기능을 좌우하는 것으로 중요하지만, 가장 돈을 들이고 싶은 것은 역시 내장재료에 안전한 것을 선택하는 것이다. 조명기구에 몇 십 만 원만 든다면 벽재나 마루바닥재에 비싸더라도 좋은 것을 사용하는 것으로 집도 오래 사용할 수 있을 것 같다. 조금 비싸더라도 따뜻하고 안전한 건축재가 있기 때문에 이러한 내장재야말로 돈을 들이고 싶은 것이다.

[참고문헌]

○ (1) 井上雅雄 'シックハウス症候群の脅威' (日刊工業新聞社) (1998.1) 一般向

○ (2) 田辺新一 '室内空気汚染' (講談新書) (1998.7) 一般向

○ (3) 鳥居新平 'シックハウス症候群' (徳間書店) (1997.6) 一般向

(4) 石川・宮田 '化学物質過敏症ーここまできた診断・治療・予防' (かもがわ出版) 一般向

(5) 池田耕一 '室内空気汚染の原因と対策' (日刊工業) (1998.11) 専門家

(6) T.Godish 'シックビルデイングー診断と対策' (オーム社) (1998.1) 専門家

○ (7) 青山美子 외 'シックハウスとシックスクール' (CS支援センター) 一般向

○ (8) 'Wohnen ohne Gifr (test)' (Stiftung Warentest) (2002) 専門家

(9) B. L. Matthew 'Chemical Sensitivity' (McFarland) (1996) 専門家

◎ (10) W. J. Rea 'Chemical Sensitivity Ⅰ－Ⅳ' (Lewis) (1992) 専門家

○ (11) J. D. Spengler 'Indoor Air Quality Handbook (2000.11)' (McGraw－Hill) (2000.1) 専門家

○ (12) K. D. Runow 'Krinische Okologie' (Hippokrates Verlag) (1994) 専門家

(13) 若田順一 외 '健康な住まいを手に入れる本 (増補3訂版)' (コモンス) (2001. 1) 一般向

◎ (14) 宮田幹夫 '化学物質過敏症健康－忍びよる現代病の早期発見と治療' (健康同人社) (2001.3) 一般向

(15) 戸田 淨 'これで治る成人のアトピー性皮膚炎' (法研) (2001.6) 一般向

◎ (16) 高橋元・濱田ゆかり외 '健康な住まいづくりハンドブック' (建築資料研究所) (2001.9) 一般向

◎ (17) 日本建築学会室内空気汚染 シックハウス辞典' (技報堂) (2001.9) 一般向

◎ (18) 村上周三외 'シックハウス対策に役立つ小型チャンバー法解説(日本規格協会)' (2003) 専門家必須

○ (19) 安藤正典‘室内空気汚染と化学物質’(化学工業日報)(2002) 専門家
(20) 中野 博‘天然素材で作る健康住宅’(日本実業出版社)(2001.9) 一般向
◎ (21) 石川・宮田・柳沢‘化学物質過敏症’(文芸春秋)(2002.2) 一般向
○ (22) 郡司和夫‘知らないと怖いシックハウス症候群’(東洋経済新報社)(2001) 一般向
◎ (23) 欠陥住宅を造らない建築家の会‘夢の我が家で泣かないために一欠陥住宅・シックハウスの実例欠から学ぶ’(建築ジャーナル)(2002) 建築業必須
(24) 化学物質研究会‘化学物質の逆襲’(リム出版新社)(1993.3) 一般向
(25) 健康住宅研究会‘室内空気汚染の低減に関する研究’(建築環境・省エネルギー機構)(1998.3) 専門家
(26) 健康住宅研究会‘設計・施工ガイドマニュアル’(建築環境・省エネルギー機構)(1998.3) 建築業必須
(27) 健康住宅研究会‘ユーザーマニュアル’(建築環境・省エネルギー機構)(1998.3) 建築業必須
(28) 健康住宅研究会‘木質建材環境委員会報告書’(日本住宅木材技術センター)(1998. 3) 建築業必須
(29) 木質建材環境委員会‘ホルムアルデヒドと木質建材利用の手引き’(日本住宅木材技術センター)(1993.3) 建築業必須
○ (30) 日本接着剤工業会‘住宅用接着剤と室内環境’(日本接着剤工業会)(2002.8) 建築業必須
(31) 日本接着剤工業会‘建築接着工法ハンドブック第3版’(日本接着剤工業会)(1998.1) 建築業必須
(32) 日本塗料工業会室‘内環境対策研究会(報告書)’(日本塗料工業会)(1997.1) 建築業必須
◎ (33) 日本塗料工業会‘塗料産業に関わる化学物質の有害性調査’(日本塗料工業会)(1999.4) 建築業必須
(34) D. Satas(井上訳)‘粘着技術ハンドブック’(日刊工業新聞社)(1997.3) 専門家

(35) 紛争処理センター‘住宅紛争処理技術関連資料集(１１冊)’(1999.1)建築業必須

(36) 早大理工学部建築学科‘室内放散化学物質対策セミナー’(2000.12) (2000.1) 専門家

◎ (37) 国土交通省‘建築基準法改正に対応した建築物のシックハウス対策マニュアル’(2003.5) 建築業必須

◎ : 필수 ○ : 추천

후기

본서는 저자가 각지에서 강연하거나 부탁받아서 썼던 원고를 기반으로 정리한 것이다. 여기에 이르기까지는 저자 혼자의 힘으로 할 수 있는 것이 아니라 시공업체나 건축재 제조사 및 각 위원회의 분들, 새집증후군의 환자와 의사에 이르기까지 만났던 많은 분들에게 가르침을 받았다. 지면을 빌려서 감사드린다.

특히, 시즈오카대학교의 요시다 교수, 와세다대학교의 와타나베 교수, 기타사토대학교의 이시가와 교수를 비롯해 정부 각 부처의 담당 공무원들, 독립5행정법인의 모든 연구진, 각 공업협회, 건축재 산업협회의 담당자들에게 다시 감사드린다. 또 화학물질의 세미나 등이나 학회를 통해서 여러 가지 가르쳐 주신 많은 해외의 담당 연구자들이나 WKI에 가는 것을 환영해 주신 Salthammer 박사에게 감사드린다.

환자인 저자를 지금도 치료해 주시고 있는 아오야마 요시코 선생님으로부터는 치료나 재료의 실무의 실무 등 여러 가지 가르쳐 주신 것에 감사드린다.

본서는 저자가 실제로 새집증후군으로 문제가 있어 상담을 받아 현장을 측정하거나 리모델링 방법을 함께 생각한 내용을 서술했다. 내용에 대해서는 다른 의견을 갖는 독자나 전문가도 있을 것이다. 기탄없는 의견을 말해주면 좋겠다.

건축기준법의 개정도 행해져 드디어 새집증후군 대책도 앞으로 진행되기 시작하였다. 그러나 현실에는 아직 많은 새집증후군의 환자가 증가해 오고 있다. 속으로 이 병으로 고민하고 계시는 사람들이 항상 걱정이 된다. 이러한 사람들에게 있어서 이 책이 하나의 빛을 전해주는 역할이 되어 언젠가 "새집증후군"이 과거의 용어가 되는 날이 올 것을 기원하고 있다.

마지막으로 이번 출판에 큰 용기를 주셨던 일간공업신문사의 猪刈 健一씨, 집필을 권해 주셨던 武藤 翔恵씨에게 감사를 드린다.

저 자

역자 소개

김현중 서울대학교 환경재료과학전공 교수
바이오복합재료 및 접착과학 연구실
홈페이지: www.adhesion.org
E-mail : hjokim@snu.ac.kr

김수민 숭실대학교 건축학부 교수
건축환경재료 연구실
홈페이지: gbm.ssu.ac.kr
E-mail: skim@ssu.ac.kr

이영규 서울대학교 농생명과학공동기기원(NICEM)
친환경건축자재인증센터 센터장
홈페이지: nicem.snu.ac.kr
E-mail: woodlee9@snu.ac.kr

장성기 국립환경과학원 실내환경과 과장
홈페이지: www.nier.go.kr
E-mail: skjang@me.go.kr

김신도 서울시립대학교 도시과학대학 학장
대기오염 및 실내환경 연구실
홈페이지: env.uos.ac.kr
E-mail: sdkim@uos.ac.kr

박진철 중앙대학교 건축학부 교수
건축설비 · 에너지 연구실
홈페이지: ewww.csbr.re.kr/index_beesl.php
E-mail: jincpark@cau.ac.kr

저자 | 이노우에 마사오

1945년 효고현 출생
1971년 나고야대학교 대학원 석사졸업
(주)코니시 연구소
저서로는 표면과 계면의 현상 (일본공업조사회)
점착기술 핸드북 (공역, 일간공업신문사)
시크하우스증후군의 위협 (일간공업신문사)
전문분야는 핫멜트 접착제의 합성물성

새집증후군의 방지와 대책

2009년 8월 17일 1판 1쇄 인쇄
2009년 8월 22일 1판 1쇄 발행

저 자 이노우에 마사오
역 자 김현중 김수민 이영규 장성기 김신도 박진철
발 행 인 강해작
발 행 처 기문당
주 소 서울시 성동구 공명길 39
(하왕십리동 966-22)
전 화 2295-6171(代)~5
팩 스 2296-8188
출판등록 1976. 10. 7 (1-44)
홈페이지 http : // 기문당
http : // www.kimoondang.com
I S B N 978-89-6225-167-8 93540
정 가 15,000원